图解机械加工技能系列丛书

数控钻头选用全图解

杨晓 等编著

Shukong Zuantou Xuanyong
Quantujie

全彩印刷

机械工业出版社
CHINA MACHINE PRESS

本书主要针对现代数控钻头，结合加工现场的状况，从操作者或选用者的角度，以图解和实例的形式，详细介绍了数控钻头选择和应用技术，力求贴近生产实际。主要内容包括：钻削的概念，整体硬质合金钻头、冠齿钻、可转位钻头、深孔钻、整体硬质合金钻头的使用。从本书中不仅可以学到数控钻头的选择和使用方法，而且能够学到解决数控钻削加工中的常见问题的方法。

　　本书供数控车工、数控铣工、加工中心操作工使用，也可作为普通车工和铣工转数控车工和数控铣工时的自学及短期培训用书，还可作为大中专院校数控技术应用专业的教材或参考书。

图书在版编目（CIP）数据

数控钻头选用全图解 / 杨晓等编著 . —北京：机械
工业出版社，2017.4（2019.1 重印）
（图解机械加工技能系列丛书）
ISBN 978-7-111-56458-4

Ⅰ．①数… Ⅱ．①杨… Ⅲ．①数控刀具 - 钻头 - 图解
Ⅳ．① TG713-64

中国版本图书馆 CIP 数据核字（2017）第 063681 号

机械工业出版社（北京市百万庄大街 22 号　邮政编码 100037）
策划编辑：王晓洁　责任编辑：王晓洁
责任校对：刘　岚　封面设计：张　静
责任印制：李　飞
北京新华印刷有限公司印刷
2019 年 1 月第 1 版第 2 次印刷
190mm×210mm・6.667 印张・179 千字
4001—5900 册
标准书号：ISBN 978-7-111-56458-4
定价：42.00 元

序 **FOREWORD**

经过改革开放 30 多年的发展，我国已由一个经济落后的发展中国家成长为世界第二大经济体。在这个过程中制造业的发展对经济和社会的发展起到了十分重要的作用，也确立了制造业在经济社会发展中的重要地位。目前，我国已是一个制造大国，但还不是制造强国。建设制造强国并大力发展制造技术，是深化改革开放和建成小康社会的重要举措，也是政府和企业的共识。

制造业的发展有赖于装备制造业提供先进的、优质的装备。目前，我国制造业所需的高端设备多数依赖进口，极大地制约着我国制造业由大转强的进程。装备制造业的先进程度和发展水平，决定了制造业的发展速度和强弱，为此，国家制定了振兴装备制造业的规划和目标。大力开发和应用数控制造技术，大力提高和创新装备制造的基础工艺技术，直接关系到装备制造业的自主创新能力和市场竞争能力。切削加工工艺作为装备制造的主要基础工艺技术，其先进的程度决定着装备制造的效率、精度、成本，以及企业应用新材料、开发新产品的能力和速度。然而，我国装备制造业所应用的先进切削技术和高端刀具多数由国外的刀具制造商提供，这与振兴装备制造业的目标很不适应。因此，重视和发展切削加工工艺技术、应用先进刀具是振兴我国装备制造业十分重要的基础工作，也是必由之路。

近 20 年来，切削技术得到了快速发展，形成了以刀具制造商为主导的切削技术发展新模式，它们以先进的装备、强大的人才队伍、高额的科研投入和先进的经营理念对刀具工业进行了脱胎换骨的改造，大大加快了切削技术和刀具创新的速度，并十分重视刀具在用户端的应用效果。因此，开发刀具应用技术、提高用户的加工效率和效益，已成为现代切削技术的显著特征和刀具制造商新的业务领域。

世界装备制造业的发展证明，正是近代刀具应用技术的开发和运用使切削加工技术水平有了全面的、快速的提高，正确地掌握和运用刀具应用技术是发挥先进刀具潜能的重要环节，是在不同岗位上从事切削加工的工程技术人员必备的技能。

本书以提高刀具应用技术为出发点，将作者多年工作中积累起来的丰富知识提炼、精选，针对数控刀具"如何选择"和"如何使用"两部分关键内容，以图文并茂的形式、简洁流畅的叙述、"授之以渔"的分析方法传授给读者，将对广大一线的切削技术人员的专业水平和工作能力的迅速提高起到积极的促进作用。

成都工具研究所原所长、原总工程师
赵炳桢

前言　　PREFACE

>>>>>>>>>>

切削技术是先进设备制造业的组成部分和关键技术，振兴和发展我国装备制造业必须充分发挥切削技术的作用，重视切削技术的发展。数控加工所用的数控机床及其所用的以整体硬质合金刀具、可转位刀具为代表的数控刀具技术等相关技术一起，构成了金属切削发展史上的一次重要变革，使加工更快速、准确，可控程度更高。现代切削技术正朝着"高速、高效、高精度、智能、人性化、专业化、环保"的方向发展，创新的刀具制造技术和刀具应用技术层出不穷。

数控刀具应用技术的发展已形成规模，对广大刀具使用者而言，普及应用成为当务之急。了解切削技术的基础知识，掌握数控刀具应用技术的基础内容，并能够运用这些知识和技术来解决实际问题，是数控加工技术人员、技术工人的迫切需要和必备技能，也是提高我国数控切削技术水平的迫切需要。尽管许多企业很早就开始使用数控机床，但它们的员工在接受数控技术培训时，却很难找到与数控加工相适应的数控刀具培训教材。数控刀具培训已成为整个数控加工培训中一块不可忽视的短板。广大数控操作工和数控工艺人员迫切需要实用性较强的，关于数控刀具选择和使用的读物，以提高数控刀具的应用水平。为此，我们编写了"图解机械加工技能系列丛书"。

该系列丛书以普及现代数控加工的金属切削刀具知识，介绍数控刀具的选用方法为主要目的，涉及刀具原理、刀具结构和刀具应用等方面的内容，着重介绍数控刀具的知识、选择和应用，用图文并茂的方式，多角度介绍现代刀具；从加工现场的状况和操作者或选用者的角度，解决常见问题，力求贴近生产实际；在结构、内容和表达方式上，针对大部分数控操作工人和数控工艺人员的实际水平，力求做到易于理解和实用。

本书是该系列丛书的第 3 本，第 1 本《数控车刀选用全图解》已于 2014 年出版，第 2 本《数控铣刀选用全图解》已于 2015 年出版。

本书以数控切削常用的整体硬质合金钻头、冠齿钻、可转位钻头和各种深孔钻为主要着眼点，以介绍这些钻头的使用为脉络，串联起整体硬质合金材料、涂层、钻头的钻尖形式和几何参数、内冷孔形态、不同结构的齿冠和齿冠的装夹、可转位钻头的刀片和刀体，以及整体硬质合金深孔钻、枪钻、单管内排屑深孔钻、单管外排屑深孔钻、喷吸钻、DF 钻等多种深孔钻等内容，对钻头切屑的形成和排出、钻孔精度和表面粗糙度、孔口毛刺、钻头稳定性、深孔钻削策略与刀具选用之间的联系进行了介绍，以帮助数控钻头的使用者能够认识和掌握这些数控钻头使用中的问题。

限于篇幅，本书对数控钻削中装夹钻头的各类夹持系统（即所谓的刀柄）并未提及。

包括冠齿钻、可转位钻头和整体硬质合金钻头在内的数控刀具，无论在我国还是国际上都处于应用发展期，大部分产品和数据在实践中会不断更新，恳请读者加以注意。

本书第 1 章由杨晓、张凤莉编写，第 2 章～第 5 章由杨晓编写，第 6 章由杨晓、蒋长青、陈江编写，全书由杨晓统稿。

在本书的编写过程中，得到了苏州阿诺和斯来福临的大力支持。在此，作者谨向苏州阿诺的柯亚仕博士、原苏州阿诺的刘伟先生和斯来福临的符西洋先生、沈伟先生等协助者表示感谢。在收集资料的过程中，还得到无锡职业技术学院顾京教授和王振宇先生、上海工程技术大学周琼老师的大力协助，作者同样深表谢意。

在本书的编写过程中，还得到钻领的李永峰先生、原住友电工的汤一平先生、肯纳金属的李文清先生、翰默的陈涛先生、瓦尔特的方涛和贺战涛先生、伊斯卡的易逢春女士、玛帕的行百胜先生、山高刀具的苏国江先生、Star SU 的颜怀祥先生、泰珂洛的赵洪锋先生、巴尔查斯的金敏先生、三菱的张乐天先生、黛杰的高永明先生、方寸的徐贵海先生、高迈特的顾春雅女士、霍夫曼的熊毅飞先生的协助，在此一并表示感谢。

由于作者水平有限，书中难免有不足之处，恳请广大读者批评指正。

目录　CONTENTS

>>>>>>>>>>>

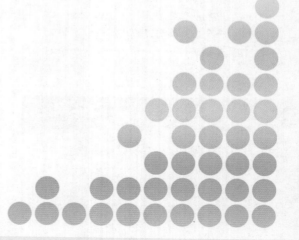

1

钻削的概念

1.1 钻削总体概念

什么是钻削？钻削是在实心金属上钻孔的加工。专门用于钻孔的机床称为钻床。钻床有多种型号与规格。在数控机床中，数控车床和数控镗铣床及加工中心都能进行钻削。

通常，在车床和数控车床上进行钻削时，是工件旋转而钻头不旋转，进给通常由钻头的移动来完成；而在钻床、铣床或数控镗铣床和加工中心上进行钻削时，通常是工件定位夹紧、固定不动，钻头一面旋转，一面钻入工件（图1-1）。

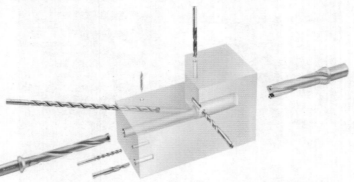

图 1-1　各种钻头一览（图片来源：瓦尔特刀具）

1.2 常见的钻头

⟩ 1.2.1　按切削刃材料和结构划分

■ 高速钢钻头

高速钢（High Speed Steel，简称 HSS）钻头是从传统机床到数控机床都有应用的一种钻头。高速钢是一种加入了较多的钨、钼、铬、钒等合金元素的高合金工具钢（普通高速钢的金相组织见图1-2）。在生产现场，它因为良好的淬透性，在空气中冷却就可淬硬而被称为风钢；或因为可以将刃口磨得很锋利而被称为锋钢；还有因这类刀具磨光后刀具表面很光亮而被称为白钢。

高速钢材料具有强度较高、韧性较好、性能比较稳定、工艺性好，易于制作形状复杂刀具和大型成形刀具的特点。

改进的高速钢从材料成分上分类有高碳高速钢（在通用高速钢基础上增加约质量分数 0.2% 的碳而形成，可加强回火时的弥散硬化作用，从而提高了常温和高温硬度）、含钴高速钢（钴的质量分数超过 2%，常规为 5% ～ 8%，可以促进回火时从马氏体中析出钨、钼碳化物，提高弥散硬化效果，并提高热稳定性，故能提高常温、高温硬度及耐磨性）、高钒高速钢（钒的质量分数为 3% ～ 5%，同时加大碳含量形成 VC 与 V_4C_3，具有高的硬度和耐磨性，耐热性也好）及含铝高速钢（铝的质量分数约为 1%，能提高钨、钼在钢中的溶解度，产生固溶强化，铝化合物在钢中能起"钉扎"作用），当然也可以用多种材料强化，如高钒含钴高速钢和高钒含氮高速钢。

另一种改进的高速钢是采用粉末冶金的方法来制造高速钢，称为粉末冶金高速钢（PM-HSS）。粉末冶金高速钢具有非常小而且均匀的碳化物颗粒（图1-3），具有高的刚性和耐磨性。由于这种材料在丝锥中应用较多，所以将在《数控螺纹、齿轮和成形刀具选用全图解》一书中作较为详细的介绍。

高速钢钻头主要有直柄钻头和锥柄钻头两种，图1-4中左侧是直柄钻头，右侧是锥柄钻头。

直柄钻头如果其表面是全磨制的或经氮化钛（TiN）涂层的，直观上与整体硬质合金不太容易分别（不过高速钢的钻头经磨制后通常更光亮），但像图1-4中左侧的表面呈黑色（注意不是暗紫色），一般是高速钢经表面蒸汽或氮化处理。

图1-2 普通高速钢的金相组织（图片源自网络）

图1-3 粉末冶金高速钢的金相组织
（图片源自网络）

图1-4 高速钢钻头（图片源自网络）

■ **硬质合金钻头**

硬质合金钻头是指钻削部分用硬质合金制造的钻头，大致分为焊接式、可转位式、可换头式和整体硬质合金等几种（图1-5）。硬质合金钻头是本书介绍的主要对象，但是不在这里花太多篇幅介绍，请各位读者跟着本书慢慢了解。

■ **金刚石钻头**

金刚石钻头主要指切削刃为金刚石的钻头，常见为焊接式金刚石钻头（图1-6），也有一些可转位的金刚石钻头。

1.2.2 按钻削深度与钻孔直径之比划分

■ **浅孔钻**

可钻削深度与钻孔直径之比（L/d_c）小于等于5的可以被称为浅孔钻。

◆ **整体硬质合金浅孔钻**

整体硬质合金浅孔钻是沟槽较短的整体硬质合金钻头。由于沟槽较短，其刚性较好，一般不需要辅助结构措施。

◆ **可转位浅孔钻**

可转位浅孔钻是装有可转位刀片的浅

a) 焊接硬质合金   b) 硬质合金可转位   c) 换头式硬质合金   d) 整体硬质合金

图1-5　硬质合金钻头（图片源自网络和瓦尔特刀具）

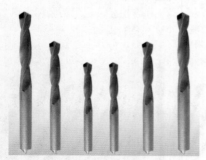

图1-6　金刚石钻头
（图片源自网络）

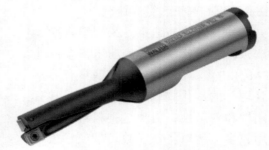

图1-7　$L/d_c=3$ 的可转位浅孔钻
（图片来源：瓦尔特刀具）

孔钻（图1-7）。安装的刀片可以是硬质合金刀片，也可以是含有金刚石的可转位刀片。

■ 深孔钻

可钻削深度与钻孔直径之比（L/d_c）大于等于12的可以被称为深孔钻。图1-8所示是瓦尔特刀具的几种整体深孔钻，自上至下的L/d_c分别是：70、30、25、20和16。

◆ 高速钢深孔钻

由于高速钢具有比硬质合金更好的韧性，在深孔加工中使用高速钢深孔钻比较常见。图1-9所示是典型的高速钢深孔钻。

◆ 整体硬质合金深孔钻

随着硬质合金技术和数控机床刚性/精度的进步，越来越多的整体硬质合金深孔钻正在取代高速钢的深孔钻。图1-8中几种

图1-8　L/d_c=16~70的整体硬质合金深孔钻
（图片来源：瓦尔特刀具）

图1-9　典型的高速钢深孔钻（图片源自网络）

深孔钻都是整体硬质合金的。

◆ 焊接硬质合金深孔钻

焊接硬质合金深孔钻较为常见的是焊接式的枪钻（图1-10），以及较大直径的焊接式单管喷吸钻（BTA，图1-11）等。

◆ 换头式深孔钻

较常见的换头式深孔钻是换头式枪钻，（图1-12）。

图1-10　焊接式的枪钻（图片源自网络）

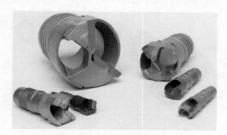

图1-11　焊接式的喷吸钻（图片源自网络）

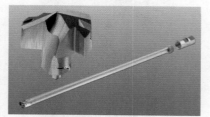

图1-12　换头式枪钻（图片来源：伊斯卡）

◆ 可转位深孔钻

可转位深孔钻主要出现在较大直径的孔中，图 1-13 就是肯纳金属的一种大直径深孔钻 HTS。可转位深孔钻（图 1-14）也较常见。

■ **普通钻**

介于浅孔钻和深孔钻之间的就是常规的普通长径比钻头。

其实，浅孔钻、深孔钻并没有十分固定的定义。例如，有些人把可钻削深度与钻孔直径之比（L/d_c）小于等于 3 的才称为浅孔钻，这种定义显然比本书的限定更为严格；也有些人把可钻削深度与钻孔直径之比（L/d_c）大于等于 8 的就称为深孔钻，这个深孔钻的定义又显然比本书的限定更

图 1-13　可转位深孔钻（图片来源：肯纳金属）

图 1-14　可转位深孔钻（图片源自网络）

为宽泛。因此，有些浅孔深孔需要与钻头供应商确认。

1.2.3　按钻头的安装类型划分

■ **直柄钻**

直柄钻在广义上是指柄部主体为圆柱体的钻头，而在狭义上，又指不但柄部主体为圆柱体，而且圆柱体的基本直径与钻头钻孔部分的基本直径相等的钻头。图 1-5 ～图 1-10 所示都是广义直柄钻，其中图 1-7 所示是带驱动压力面的直柄钻。

◆ 与工作部分直径有差异的直柄钻

● **粗柄钻**

有些工作部分直径很小（例如该直径小于 1mm）的钻头，为有效装夹和驱动，有一些柄部直径与工作部分直径相比较大的粗柄钻（图 1-15）。

● **细柄钻**

相对粗柄钻，市场上也有一些柄部直径较工作部分直径小的细柄钻（图 1-16）。这类钻头多半是因为钻削所使用机床可装夹直径较小而定制的非标准特殊产品。另外一些细柄钻则用于非数控加工，这部分不属于数控钻头，本书不再加以介绍。

◆ 带驱动面的直柄钻

带驱动面的直柄钻主要有三种形式，其中两种形式是削平的压力面驱动，另外一种是尾部驱动（尾部驱动如果不是钻头还会有其他方式，如方尾和螺纹柄等）。

- **带削平压力面的直柄钻**

图 1-17 是带削平压力面的直柄钻。与带削平压力面的铣刀（《数控铣刀选用全图解》图 3-37）不同，大直径铣刀会带两个不连续的压力面，而直柄钻的削平压力面是连续的。

- **带倾斜削平压力面的直柄钻**

图 1-18 是带倾斜削平压力面的直柄钻。这种钻头的柄部带有 2° 的倾斜压力面，这可以在防止钻头柄部与刀柄孔圆周上打滑的同时，防止轴向打滑导致刀具被拉出。

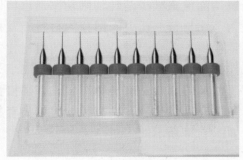

图 1-15　粗柄钻（图片源自网络）

图 1-16　细柄钻（图片来源：瓦尔特刀具）

图 1-17　带削平压力面的直柄钻
（图片来源：瓦尔特刀具）

- **带扁尾的直柄钻**

图 1-19 是带扁尾的直柄钻。

- **其他直柄钻**

图 1-20 是带削平和斜削平两个压力面的直柄钻。

图 1-18　带倾斜削平压力面的直柄钻
（图片源自网络）

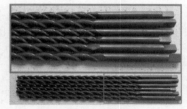

图 1-19　带扁尾的直柄钻（图片源自网络）

图 1-20　双削平压力面直柄钻
（图片来源：瓦尔特刀具）

■ 锥柄钻

锥柄钻的柄部是圆锥形的，常见的是带扁尾的莫氏圆锥柄（带螺纹拉紧的莫氏圆锥柄主要用于铣刀），如图 1-4 右所示。

▶ 1.2.4 其他类型的钻头

■ 中心钻

中心钻是用于加工标准的中心孔的钻头。按中心孔的类型，中心钻分为不带保护锥的 A 型中心钻、带 120° 保护锥的 B 型中心钻以及圆弧形的 R 型中心钻，如图 1-21 所示。

中心钻也可分为高速钢中心钻、硬质合金中心钻（通常是整体硬质合金）和可转位中心钻（图 1-22）。

■ 定心钻

定心钻又称定位钻。相当一部分定心钻所加工的只是一个工艺孔，这样的定位工艺孔只是为随后的钻孔确定中心位置。因为定心钻通常很短，容屑槽更短，所以刚性较好，能使后续的钻孔位置不易偏离。这样的工艺孔常常在完工后的工件上不留痕迹，但也有一部分定心钻为随后的钻孔加工出孔口的倒角。

定心钻可分为高速钢定心钻和硬质合金定心钻，外形上没有太多差别。

定心钻的外形如图 1-23 所示。

■ 套料钻

套料钻也是在实体上钻孔的刀具，但它并不是将材料上孔的那部分材料全部切除掉，而是只切除一个环形区域，让中间的部分材料保留下来。它通过相对较小的金属切除量来减少消耗切削功率，也可以是为节约材料，让中间部分的材料能发挥其他作用；还有一种是将中间的材料作为工件材料的留样，以便进行理化分析等。

常见的套料钻有整体套料钻、焊接齿套料钻和可转位套料钻三种。焊接齿套料钻如图 1-24 所示。

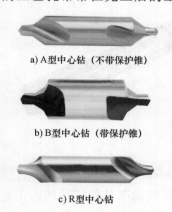

a) A 型中心钻（不带保护锥）

b) B 型中心钻（带保护锥）

c) R 型中心钻

图 1-21　三种类型的中心钻
（图片源自网络）

图 1-22　可转位中心钻（图片来源：中国台湾耐久）

图 1-23　定心钻
（图片源自网络）

图 1-25 是可转位的套料钻。可以看到，套料钻分两组刀齿，一组外齿用于加工环形的较大直径面（工件内孔表面），另一组用于加工环形的较小直径（取下的芯部的外表面）。或许可以把套料钻的刀齿看作是将三面刃铣刀（参见《数控铣刀选用全图解》的槽铣刀部分）的盘型刀齿先拉成一个类似于锯条的结构，再组成环形。

有人将套料钻称为钢板钻，那不够准确，虽然相当部分的套料钻用于加工薄板类零件，但也有不少套料钻用于加工较深的孔，那些工件与薄板相去甚远。图 1-26 是一种深孔套料钻，在其后部接上管形刀杆，很深的孔也可以用套料的方法进行钻削。

■ **塔钻**

图 1-27 所示的塔钻在数控加工中使用很少，它专门用于加工钢板（钢板厚度小于塔钻台阶高度），可以用一个塔钻在薄板上钻削多个不同直径的孔，图中的塔钻有 8 个台阶，连同头部可以钻削 9 个直径的孔。

图 1-24　焊接齿套料钻（图片源自网络）　图 1-25　可转位套料钻（图片源自网络）　图 1-26　深孔套料钻（图片源自网络）　图 1-27　塔钻（图片源自网络）

1.3　钻头的基本几何角度

▶ 1.3.1　用车刀理解钻头

我们常说刀具的基本几何角度从车刀开始（关于车刀的基本几何角度请参见《数控车刀选用全图解》），但许多人对如何用车刀来理解钻头觉得比较困惑。图 1-28 是一把内孔车刀车削内孔，而图 1-29 则是将两把内孔车刀相叠在一起的图像。图 1-30 是将两个车刀复合，就是典型的钻头的切削刃，对于我们理解钻头的几何角度应该能有一些帮助。

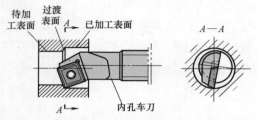

图 1-28 一把内孔车刀车削内孔（图片来源：阿诺）

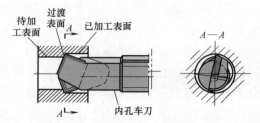

图 1-29 两把内孔车刀车削内孔（图片来源：阿诺）

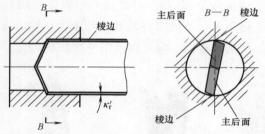

图 1-30 两个车刀复合钻头的切削刃
（图片来源：阿诺）

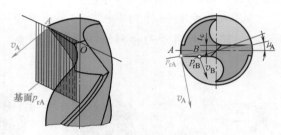

图 1-31 钻头的基面

两条红线或蓝线的转折处就是两个刀尖。

▶ 1.3.2 一个钻头切削刃的几何平面

大部分钻头都是如图 1-30 所示有两个切削刃，当然也有一个切削刃的（如枪钻）、三个切削刃或更多的。取钻头中的一个切削刃，在切削刃上选取一点，就可以分析该点的基本几何平面——基面和切削平面。而这些平面是定义刀具几何角度的基础。

先确定下这两个基本几何平面的概念：

■ 基面

基面是通过切削刃上选定点上垂直于切削速度的平面。基面是确定前角、刃倾角、主偏角、副偏角的重要平面，对刀具的性能评价有重要作用。图 1-31 是某钻头的选定点 A 点的基面示意，图中以红色箭头表示切削速度，绿色表示基面。如果选定点换成 B 点，由于切削速度方向改变（图中黑色箭头），基面也会完全不同。

■ 切削平面

切削平面是通过切削刃上选定点、与切削刃相切并且与基面相垂直的平面。图 1-32 是与图 1-31 中案例相同的切削平面，图中仍以绿色表示基面，而以蓝色表示切削平面。

在钻削的过程中，切削表面会连成一个螺旋面，如图 1-33 所示。

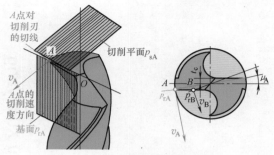

图 1-32　钻头的基面和切削平面

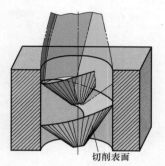

图 1-33　钻削中连续形成的切削表面

（图片来源：上海科学技术出版社《群钻》）

1.4　钻孔难题

　　图 1-34 是一个钻头在被钻孔中的截面。以粉红色表示钻头面积，以蓝色表示钻头的容屑空间（钻孔时所产生的所有切屑都需要从这个空间中排出）。钻孔的难题在于，如果要提高加工效率，钻头的受力增加，这意味着粉红色钻头的面积需要增加；但同时，钻削效率的提高意味着产生的切屑增加，钻头需要更大的蓝色的容屑空间。

　　在钻一个固定直径的孔时，粉红色的钻头截面与蓝色的容屑空间面积之和永远等于孔的面积，两者不能同时增加是显而易见的。

　　如何提高钻孔的效率，增大粉红色的钻头截面而又保证增多的切屑依然可以顺利排出，这就是一个难题。增加排屑空间却同样保证钻头的强度，这同样是一个难题。本书在后面讲到钻头选用时，常常会提到这个问题，因此预先提醒各位读者注意。

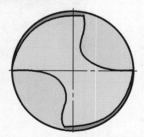

图 1-34　钻头的截面与容屑空间

（图片来源：肯纳金属）

2

整体硬质合金钻头

2.1 影响整体硬质合金钻头钻孔的要素

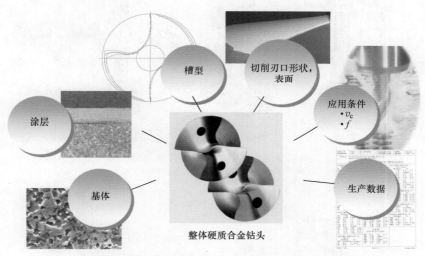

涂层

槽型

切削刃口形状、表面

应用条件
• v_c
• f

基体

生产数据

整体硬质合金钻头

图 2-1　影响整体硬质合金钻头钻孔的要素（图片来源：肯纳金属）

图 2-1 表示了影响整体硬质合金钻孔的主要因素。这些因素如下。

2.1.1　生产数据

■ 生产设备

能够进行钻孔的生产设备很多，但有些生产设备并不适合使用整体硬质合金钻头。图 2-2 所示的设备类型不建议使用整体硬质合金钻头。

建议整体硬质合金钻头在数控车床、数控铣床、加工中心、车铣复合等类型的高转速、高功率、高精度、高刚性机床

（图 2-3）上使用，有很多还建议在有内冷却的机床上使用。

■ 辅具

辅具是连接工件和机床的，通常说来就是夹具（用于夹持工件）。

■ 刀具夹头

整体硬质合金钻头一般不宜使用钻夹头来夹持（图 2-4）。

■ 冷却介质及其方式

用什么样的冷却介质，以及如何使用冷却介质（压力、流量、冷却方式等），对相当一部分的钻孔加工尤为重要。在高速

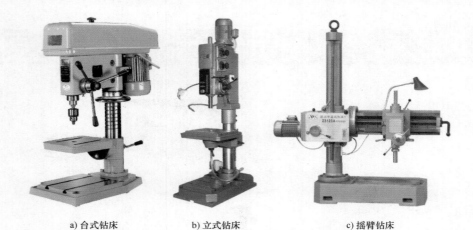

a) 台式钻床　　　　　　b) 立式钻床　　　　　　　c) 摇臂钻床

图 2-2　不建议使用整体硬质合金钻头的机床类型（图片源自网络）

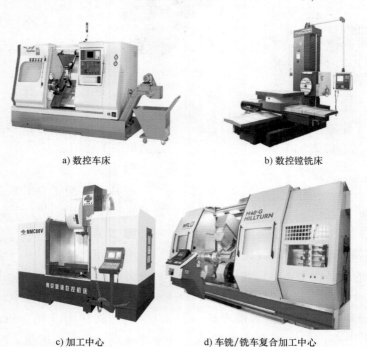

a) 数控车床　　　　　　　　　　　b) 数控镗铣床

c) 加工中心　　　　　　　d) 车铣/铣车复合加工中心

图 2-3　建议使用整体硬质合金钻头钻孔的机床类型（图片源自网络）

钻孔和深孔加工中，切削液所起的作用，不限于传统切削原理所介绍的冷却、防锈、清洗、润滑四大作用，非常重要的是帮助排屑。

1.4 节中提到了钻孔难题，在高速钻孔时，使用更大流量的切削液使钻削中产生的切屑及时排出是非常重要的手段。

在深孔钻削尤其是向上排屑的钻削（垂直向下钻削），使用冷却介质帮助切屑及时排出也是必需的。

在高速钻削和深孔钻削中，冷却介质通常需要使用注入介质和排出混合着切屑的冷却介质两者分流的方式，如通过内冷却孔注入冷却介质，通过容屑槽将混合着切屑的冷却介质排出。

■ **生 产 模 式**

生产模式（指大批量生产、中小批量生产或单件生产）也是决定数控钻头选用的重要因素。一般地，大批量生产更多地考虑经济性和高效率，单件小批则更多考虑刀具的通用性，一把刀具可以加工不同材质、不同类型（通孔、不通孔和不同钻深等）的工件。

▶ 2.1.2　钻头基体

整体硬质合金钻头的基体材质，主要使用 K 类硬质合金（图 2-5）来制造。关于硬质合金材质的总体概念，在《数控车刀选用全图解》和《数控铣刀选用全图解》两本书中都有介绍（分别是《数控车刀选用全图解》3.1.3 "刀具的因素" 中 "刀片材质" 部分和《数控铣刀选用全图解》2.1.3 中 "刀片材质的影响" 部分），需要了解的读者可阅读那两本书的相关部分。

钻头在钻削时有一个特点，就是它的切削刃上由外至内的切削速度相差很大。不管钻头的转速有多快，在钻头回转中心上的切削速度必定还是零。从切削速度为

图 2-4　不宜用钻夹头夹持硬质合金钻头
（图片来源：阿诺）

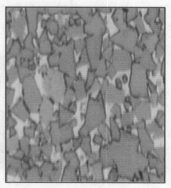

图 2-5　K 类硬质合金金相（图片来源：肯纳金属）

零到钻头外圆处最高的切削速度，对钻头的材料提出了特殊的要求：圆心处的低切削速度要求钻头材料具有较高的韧性，而外圆处高的切削速度又要求钻头材料具有较高的耐磨性。而通常的硬质合金材料，从材料成分上说，增加结合剂钴元素的含量能够提高韧性，但这意味着减少硬质相如碳化钨的含量，从而与外圆处切削速度高所需的高耐磨性相违背。

常见的解决方法是用较低含量的结合剂来提高耐磨性，而用细化颗粒来提高耐磨性。表 2-1 是两种不同颗粒的硬质合金的性能对比。由表可见，超细颗粒的 K10 的材料强度（这个是材料韧性的重要指标）比普通颗粒的 K10 提高了约 1/3。

另外有一种方法是采用复合材料的钻头，如图 2-6 所示。

这种钻头由外圆和芯部两部分复合而成，外圆的材料更注重于高的耐磨性，可以使用更高的切削速度，而芯部材料则注重于在较低切削速度下的韧性，从而在整个钻头

表 2-1　两种不同颗粒的硬质合金的性能

组别	金相图片	Co（%）	颗粒尺寸/μm	硬度（HV30）	强度/MPa
普通 K10		10	2.0	1850	3300
超细颗粒 K10		12	0.5	1720	4300

的切削性能上获得更为平衡的性能。资料表明，这种钻头与常规的整体硬质合金钻头相比，切削速度可以提高 1 倍，或者可以得到比原先高 300% 的刀具寿命。

2.1.3　涂层

刀具可以通过化学气相沉积（CVD）涂层或者物理气相沉积（PVD）等工艺，将原本添加在材料内部的 Ti、Nb、Ta 等多种贵重金属以化合态的方式涂覆在刀具表面，既提高了刀具性能，又可以大大降低材料

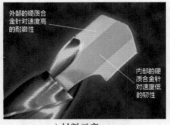

a) 材料示意

b) 剖面（左下为芯部材料，右下为外圆部材料）

图 2-6　复合材料钻头——刚骨蓝钻图（图片来源：肯纳金属）

成本。整体硬质合金钻头大多都采用 PVD 的方法进行涂层。

一方面，涂层技术不仅仅大大节约了钛、铌、钽等稀有金属，降低了硬质合金材料的制造成本；另一方面通过涂层沉积技术，坚固的表面涂层可以起到耐磨损、隔热以及表面润滑等多种作用。

一种纳米涂层在整体钻头上的效果如图 2-7 所示，适用于所有高性能硬质合金钻头。无论是加工钢材还是铸铁，首次涂层还是重复涂层，因其独特的纳米结构在难加工情况下，也能提高稳定性和工艺可靠性，增加刀具寿命，从而也减少了换刀次数。此外，提高切削速度可缩短加工时

优化性能	
纳米层结构和独特的多层结构	持续防止裂纹延伸 高端钻削的通用应用
优化平衡剩余应力、硬度和断裂韧性	适用于中、高速切削
极高的耐磨性和红硬性	工具使用寿命高
涂层表面极度光滑	排屑无阻 减少切削阻力
突出的抗氧化性	工具稳定性高，特别是切削刃 工具使用寿命长，即使是深孔钻或干式钻削

图 2-7 纳米涂层在整体钻头上的效果
（图片来源：欧瑞康巴尔查斯）

间，提高设备利用率，这同样就降低了生产成本。

不同涂层以适应不同的加工需求，如图 2-8 所示。这些涂层在整体硬质合金钻头上多有应用。

	TiN （氮化钛）	TiCN （碳氮化钛）	TiAlN （氮化铝钛）	FIREX （特殊的TiN-TiAlN 多层结构）	AlTiN （氮化钛铝）	MolyGlide （MoS₂基底）
类型	硬涂层，抗磨损	硬涂层，抗磨损	硬涂层，抗磨损	硬涂层，抗磨损	硬涂层，抗磨损	软涂层，润滑性
涂层颜色	金黄色	灰紫色	黑紫色	红紫色	暗灰色	银色
涂层工艺	PVD （物理气相沉积）	PVD （物理气相沉积）	PVD （物理气相沉积）	PVD （物理气相沉积）	PVD （物理气相沉积）	PVD （物理气相沉积）
涂层生成温度	930°F 500℃	930°F 500℃	930°F 500℃	930°F 500℃	930°F 500℃	305°F 150℃
涂层结构	单层结构	梯度结构	单层结构	多层结构	单层结构	单层结构
涂层厚度/μm	1.5～5.0	1.5～5.0	1.5～5.0	1.5～5.0	1.5～5.0	1.0
硬度/Gpa	24	30	33	30～33	38	—
摩擦系数	0.5	0.25	0.5	0.5	0.6	0.1
热稳定性温度	1100°F 595℃	840°F 450℃	1470°F 800℃	1470°F 800℃	1650°F 900℃	1470°F 800℃
应用	广泛的应用：切削、成形和注塑加工	高韧性和抗冲击性：冲孔、冲压、铣削、滚齿和攻螺纹加工	高硬度和高耐热性：钻削、车削和干式高速加工	广泛的应用：高韧性；高硬度和高耐热性	提高了铝元素的含量产生了非常高的耐热性和硬度加工（>40 HRC）；高速加工	显著提高刀具/易损件的润滑，抵御高温并可涂于硬涂层之上

图 2-8 6种涂层示意（图片来源：钻领）

2.1.4 槽型

整体硬质合金钻头的槽型实际上包括钻头的各种几何参数。传统的整体硬质合金钻头的几何参数与高速钢钻头并无二致，现代的整体硬质合金钻头大多是在传统的整体硬质合金钻头上做了改进。因为钻头的传统几何参数在很多使用者看来比较繁杂，下面先介绍传统钻头的各个几何参数。

■ 传统钻头的几何参数

◆ 钻头的组成部分

钻头一般由三部分组成（图2-9）。

1）工作部分：带有切削刃和容屑沟槽的部分（图中红色部分）。

2）柄部：用以夹持和驱动的部分（图中蓝色部分）。

3）颈部：工作部分和柄部之间的过渡部分（图中黄色部分）。这一部分在外形上不一定看得见，但在功能上是存在的。

图2-9 钻头的组成部分

图2-10 钻头的前面

◆ 工作部分的结构要素

1）前面：又称前刀面，是钻头上螺旋槽靠近切削刃的那部分面（图2-10中的红色部分）。钻削时，切屑将从这个面上流出。典型的麻花钻有两个前面，每条沟槽都有一个前面。两个前面相互独立，没有相交的部分。

2）后面：又称后刀面，是在钻头的钻尖上与被加工表面相对的面。典型的传统钻头两个刃口都各有一个后面（图2-11中的红色和黄色），现代许多钻头的每个刃口又可分为第一后面和第二后面。两个后面会相交，其交线就是横刃（后续会介绍）。

3）主切削刃：普通麻花钻钻头上有两组主切削刃（图2-12），它们都是红色的前面与黄色的后面相交成的刃口，在图中以较粗的红线表示（一条为粗实线而另一条为粗虚线）。

4）横刃：两后面相交成的刃口（图

图2-11 钻头的后面

图2-12 钻头的主切削刃和横刃

2-12 中的绿色粗线）。

5）钻尖：又称钻锋，由靠主切削刃处的前面、后面以及主切削刃、横刃组成，承担主要的切削任务。

6）横刃转点：两条主切削刃与横刃相交成的转角交点（图 2-13 中的红圈与黄圈中）。

7）外缘转点：两条主切削刃与各自副切削刃的转角交点（图 2-13 中的绿圈与蓝圈中）。

8）容屑槽：又称刃沟，麻花钻上的螺旋形沟槽也称螺旋槽（图 2-14 红色部分），而直槽钻的槽为与轴线平行的直槽。作用有：排屑、容屑，作为切削液流入的通道。

9）刃瓣：钻体上外缘未切出刃沟的部分（图 2-14 中的绿色和蓝色部分）。

10）刃背：刃瓣上低于刃带的外缘表面（图 2-14 中的绿色部分）。作用：在钻体的外圆上减小直径，以与孔壁形成径向间隙，防止摩擦，提高加工精度，降低切削力。

11）刃带：又称棱边，即钻头的副后面（图 2-15 中的红色部分）。

12）副切削刃：容屑槽和刃带的交线。

13）后背棱：后面与刃背的相交棱线（图 2-15 中的蓝色部分）。

14）后沟棱：后面与螺旋槽的相交棱线（图 2-15 中的绿色部分）。

15）尾根棱：又称沟背棱，刃瓣上刃背与螺旋槽的相交棱线（图 2-15 中的黄色部分）。

16）尾根转点：绿色的后沟棱、蓝色的后背棱和黄色尾根棱三棱的汇交点（图 2-15 中的灰色圈部分）。

17）钻芯：连接两刃瓣钻体中心部分（图 2-16 中的深蓝色部分）。

图 2-15　麻花钻的刃带、后背棱、后沟棱、尾根棱及尾根转点

图 2-13　钻头的横刃转点和外缘转点

图 2-14　麻花钻的沟槽和刃瓣

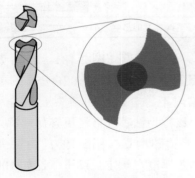

图 2-16　麻花钻的钻芯

◆ 工作部分的几何参数

1）工作部分直径 d：两个外缘转点（见结构要素 7 和图 2-13）之间的距离（图 2-17 的红色尺寸）。

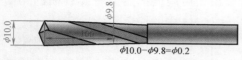

图 2-17　麻花钻的直径和直径倒锥量

2）直径倒锥：钻头由钻尖向钻柄，任意截面的直径在一定长度上逐步减少，这一减少量形成钻头的副偏角。钻头的直径倒锥常用一定长度上的直径减少量作为参数。例如，图 2-17 所示的钻头，两个外缘转点处的直径为 $\phi 10$mm，往柄部移动 100mm 后测量所得的直径为 $\phi 9.8$mm，则直径倒锥量为 0.2/100。

表 2-2　钻头倒锥的作用

	小倒锥	大倒锥
切削轴向力（进给力）	大	小
钻头的刚性	高	低
对钻头可重磨程度的影响	小	大

3）钻芯厚度（图 2-18）：在钻头钻尖处测得的钻芯最小尺寸。在三槽或更多的容屑槽或不等分沟槽的钻头上，这一尺寸也许应该称为钻芯圆直径更容易理解。

4）钻芯增量（图 2-19）：由钻尖向钻柄，钻芯厚度在一定长度上（比如 100mm）的增厚值。

图 2-18　钻芯厚度

图 2-19　钻芯增量

5）刃带高度 c：刃带的径向高度，即刃背与孔壁间的间隙量（图 2-20）。

6）刃带宽度 f：在垂直于刃带边缘（即副切削刃）的方向上测量的刃带的宽度（图 2-20）。

7）刃瓣宽度 B：在垂直于刃带边缘（即副切削刃）测得的刃带边缘刃（即副切削刃）与刃瓣尾根棱之间的宽度（图 2-20）。

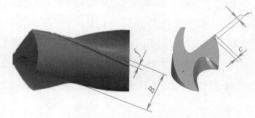

图 2-20　钻头的刃带和刃瓣结构尺寸

8）刃背直径 q：钻体刃瓣上刃背的直径值（图 2-21）。

9）切削刃高度差 H：在给定的位置半径上，相对于钻头端平面测得的两切削刃的轴向位移（图 2-22 中红色尺寸）。

10）顶角 ϕ：钻头两个主切削刃的夹角。整体硬质合金钻头的顶角通常设计为

120°～150°（图 2-22 中蓝色尺寸），但也有用于倒角的 90°和用于锪平的 180°。

11）横刃长度 b：钻头端视图中横刃的长度值（图 2-23）。

12）螺旋角 β：螺旋线展开后与钻头轴线的夹角（图 2-24）。

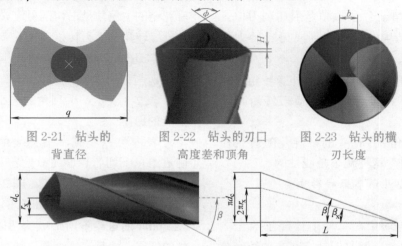

图 2-21　钻头的背直径　　图 2-22　钻头的刃口高度差和顶角　　图 2-23　钻头的横刃长度

图 2-24　钻头的螺旋角

◆ **麻花钻的主要特点**

传统麻花钻的主切削刃上各点的几何角度从外缘转点到横刃转点有很大的变化，如图 2-25 所示。

1）主前角 γ_{ox}：典型的标准麻花钻上任意点的主偏角在外缘转角处最大，与螺旋角很接近，约 30°。但随着接近横刃转点，前角值急剧减少。当离钻头中心仅剩约 30% 时，主前角已降到几乎为 0°。随着跟横刃转角距离越近，前角的值下降越快，到横刃转点处主前角已减少到 −50°。而在横刃段，前角也是很大的负值，这点在后面再进一步讨论。

2）后角 α_{fx}：传统麻花钻的后角随着从

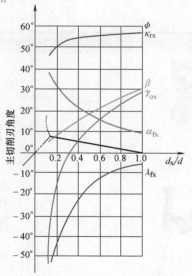

图 2-25　传统麻花钻的几何角度

外缘转角向横刃转角的位置变化逐渐加大。在外缘转角处的后角一般尚不足 10°，但到横刃转角处，后角可以增加到近 40°。

3）主偏角 κ_{rx}：主偏角是沿切削刃位置变化较小的，从外缘转角到横刃转角大致下降 10°左右。

4）刃倾角 λ_{fx}：刃倾角从外缘转角处就是负值，随着由外缘转角到横刃转角减少了近 50°。

5）螺旋角 β：钻头的螺旋角随着直径的减小而较小，这种减小是线性的。

■ **麻花钻几何参数的影响**

◆ 顶角的影响

麻花钻的顶角在总体上体现了两个主切削刃的主偏角。但即使是标准的传统麻花钻，由于沿主切削刃各点的切削速度方向与主切削刃切线的夹角不同等原因，主偏角是逐渐减小的。在前面已经介绍过，标准传统麻花钻的主偏角是沿切削刃位置变化较小的，从外缘转角到横刃转角大致下降 10°左右。

但还是可以用顶角的一半来近似地描述主切削刃的主偏角。

表 2-3 表示钻头顶角的大小对钻头多种性能的影响。

表中可以看到，钻头顶角越大，在相同进给量下切屑越厚（参见表中切削层图形的 a_c），就越有利于断屑。图 2-26 是两种不同顶角的钻头采用 60m/min 的切削速度和 0.15mm/r 的进给量所形成的切屑。大顶角产生的切屑厚而且窄，小顶角则宽而且薄。

表 2-3 钻头顶角对钻头性能的影响

顶角示意图	切削层图形	断屑能力	钻削轴向力	转矩	产生毛刺	定心能力
		低 高	小 大	小 大	易 难	强 弱

另一方面，钻头顶角越小，定心能力就越强。

表中顶角示意图中的箭头代表钻削时的切削力，粗线箭头代表在基面上的切削合力，而细线箭头代表径向力（背向力）和切削力。可以看到，由于大顶角钻头的轴向力较大，扎入工件的能力较弱，因此它的定心能力较弱；同时，它的径向力较小，它在钻透时把切屑径向推出去的力较小，同时因为切屑较厚较容易折断，就不那么容易产生毛刺。

图 2-27 所示是一种多用途钻头（磨成不同顶角），不同的切削速度、进给量（加工材料为 SS400 钢，相当国内 Q235A）所获得的毛刺高度不同。可以发现，顶角越大，毛刺高度越小。

a) 160°顶角　　　　　b) 120°顶角

图 2-26　顶角对切屑形态的影响
（图片来源：住友电工）

◆ 螺旋角的影响

钻头的螺旋角对钻头的刃口锋利性、排屑能力以及钻头的刚性都有很大影响。在图 2-24 中已经能够看出，同一钻头在不同的半径处，钻头的螺旋角并不一样。但如果没有特指，钻头的螺旋角都是特指在外缘处的螺旋角。

常见的螺旋角主要有如图 2-28 几种。

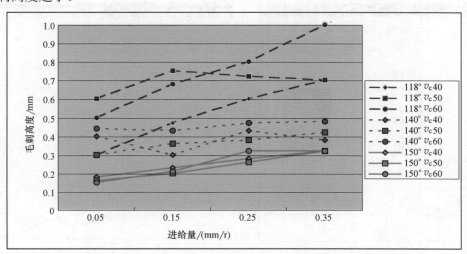

图 2-27　影响钻孔毛刺的一些因素（图片来源：住友电工）

23

螺旋角对钻头性能的主要影响见图 2-29。

螺旋角对钻头排屑的影响在某种程度上是通过排屑路径的长度来反映的。

图 2-30 显示了钻头螺旋角对排屑距离（即螺旋槽展开长度）的影响。图片以直径为 φ15mm 的整体硬质合金钻头为例，设有效的槽长是 125mm，如果是直槽钻（螺旋角为 0°），则排屑距离为 125mm；如果螺旋角为 10°，则排屑距离增加近 2mm，为 126.9mm；如果螺旋角为 20°，则排屑距离增加到 133.7mm；如果螺旋角增加到 30°；排屑距离增加到 144.3mm，这表明常用的 30° 螺旋角的排屑距离是直槽钻的 115%；如果将螺旋角增大到 40°，排屑距离会进一步增大到 163.2mm，这相当于直槽钻的 130.5%。可以说，螺旋角越大，切屑的排出距离越长，由于切屑与孔内壁、排屑槽的摩擦，切屑的排出速度变慢，切屑变得容易堵塞。

钻头的螺旋角实际上就是外缘转角处的轴向前角（一些学术著作中称其为"背前角"），而其他半径上的螺旋角也是该点上的轴向前角（修磨过的部分另行分析）。因此，螺旋角的大小反映了切削刃刃口的锋利性。螺旋角越大，则钻头的刃口锋利性越高，但钻头切削刃的楔角 β 越小（在后角相同的前提下），切削刃的强度越低（图 2-31）。

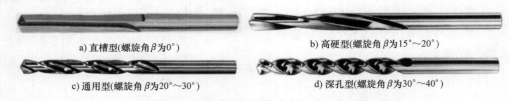

a) 直槽型（螺旋角 β 为 0°）　　　　　　b) 高硬型（螺旋角 β 为 15°～20°）

c) 通用型（螺旋角 β 为 20°～30°）　　　　d) 深孔型（螺旋角 β 为 30°～40°）

图 2-28　常见的钻头螺旋角（图片源自网络）

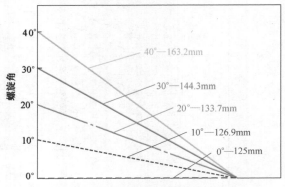

图 2-29　螺旋角对钻头性能的影响
（图片来源：肯纳金属、住友电工）

图 2-30　螺旋角对钻头排屑距离的影响
（图片来源：住友电工）

螺旋角对钻头的卷屑断屑也有较大的影响。当螺旋角较大时，切屑的卷曲所受的阻力较小，易于卷曲但不易折断，这点对于排屑通常不利。而正如在第1.4节所述，钻头的排屑对于钻孔是一个非常重要的问题。

◆ 前角的影响

钻头的前角一般不单独列出，但同铣刀类似，可以分为主前角、轴向前角和径向前角，如图2-32所示。钻头的轴向前角与螺旋角可以认为是同义词，而径向前角则与截形有关。通常未经修磨的钻头主切削刃上各点的主前角与螺旋角及钻芯厚度有关。主切削刃上接近外缘点的主前角与螺旋角及顶角相关（在那点上的轴向前角就是螺旋角）。随着选取的点沿着主切削刃内移，前角逐渐减少，如图2-32中较为靠近外缘转点的位置4至较为靠近钻芯的位置1，主前角各有不同。位置4为较大的正前角（图中实例约25°），到位置2已是很小的正值（图中实例仅5°），而到位置1则已是负的前角。钻头的芯厚越大，这种前角的减小速度会越快。

关于前角的作用，在《数控车刀选用全图解》已有一些讨论，在此不再详细介绍。这里仅作两个关键提示，如图2-33所示。

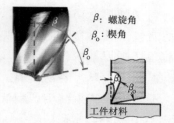

图 2-31　螺旋角与楔角的关系示意图

β：螺旋角
β_o：楔角

工件材料

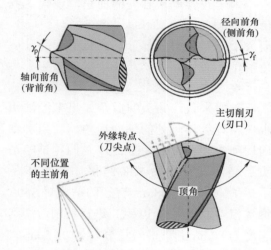

径向前角（侧前角）
轴向前角（背前角）
外缘转点（刀尖点）
不同位置的主前角
主切削刃（刃口）
顶角

图 2-32　钻头主切削刃各点的前角
（图片来源：肯纳金属、瓦尔特刀具）

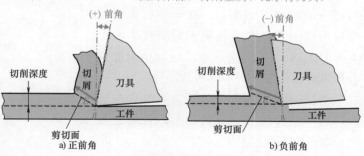

(+) 前角
(−) 前角
切削深度
切屑
刀具
工件
剪切面
a) 正前角

切削深度
切屑
刀具
工件
剪切面
b) 负前角

图 2-33　钻头前角主要影响
（图片来源：肯纳金属）

正前角切削刃剪切作用较强，切削轻快，但切屑较薄且不易断屑，刀尖强度较低；负前角切削刃推挤作用明显，切削阻力较大，但切屑较厚，容易断屑，刀尖强度较高。不同轴向前角钻头切削低碳钢的金相组织，如图 2-34 所示。

为了改善近钻芯处的前角，现代工业使用的硬质合金钻头大多经过修磨横刃，而关于修磨横刃的部分，会在下一部分后角中介绍。

◆ 后角的影响

一般来说，钻头的后角如果未经注明也仅指外缘转角处的轴向后角。后角对轴向切削力会有影响。图 2-35 是四种试验钻头后角，其轴向力试验结果如图 2-36 所示。试验钻头是 ϕ8mm 直径的钻头对 S50C 钢（相当于我国的 50 钢）进行钻削，切削速度为 80m/min，进给量分别为 0.15mm/r、0.25mm/r 和 0.35mm/r 三种，试验表明，后角越大，轴向切削力越小；双后角的切削力小于单后角的切削力，甚至单后角较大的后角切削力都可能比第一后角较小的更大（图 2-36）。不过要注意，这一结论需要看具体的后角组合，不具有普遍性。

但钻头各处后角受刃磨方式的影响很大，由于钻头的刃磨方式很多，会对钻头的后角产生不同的影响。

图 2-37 是常见的钻头后面三种刃磨方法示意图。平面刃磨的操作最为简单，但后角

a) 轴向前角0°

b) 轴向前角30°

图 2-34 不同轴向前角钻头切削低碳钢的金相组织
（图片来源：玛帕）

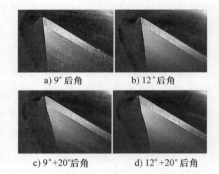

a) 9°后角　　　　b) 12°后角

c) 9°+20°后角　　　d) 12°+20° 后角

图 2-35 四种试验钻头的后角
（图片来源：住友电工）

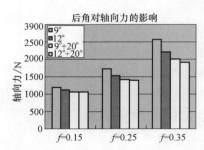

图 2-36 钻头的后角对钻削轴向力的影响
（图片来源：住友电工）

较小时容易产生"翘尾"现象（图2-38），较大后角则会导致钻头切削刃强度大幅度下降，极易造成崩刃。目前，采用平面刃磨的通常是双后面结构，由两个平面分别构成第一后面和第二后面（图2-39）：第一后面形成切削刃后角，第二后面既可以避免钻头的翘尾，又可进行横刃的修磨。圆锥磨法是可以用较简单的工艺装备实现的刃磨方式，在传统刃磨中使用非常普遍。

圆锥磨法的参数设置对后面的形态有很大的影响，如设置不当也会产生翘尾，因此在现在的数控刃磨中有一种改进的方法，即在圆柱/圆锥法刃磨中，再附加了钻头的轴向移动形成螺旋磨法。图2-40是在圆锥磨基础上的螺旋磨法，钻头除做出原有的旋转（图中大红色箭头）和摆动（图中深绿色箭头）之外，再附加了钻头的轴向移动（图中蓝色箭头）。

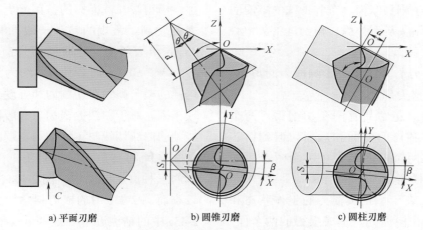

a) 平面刃磨 b) 圆锥刃磨 c) 圆柱刃磨

图2-37 常见的钻头刃磨方式

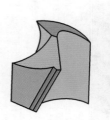

图2-38 钻头刃磨"翘尾"现象

图2-39 双平面刃磨

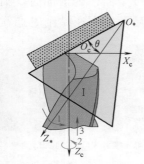

图2-40 螺旋刃磨

这里，需要提一下钻头的工作后角。由于钻头近中心处的主切削速度总是接近于零而进给速度与钻头外缘转角处并无二致，这使合成切削速度的方向大为改变，而实际的基面是垂直于合成切削速度的，这就造成近钻头中心处实际前角大为增加而实际后角大为减小。需要在钻头中心处保持相对较大的制造轴向后角以确保钻头在钻削时的实际后角依然为正值，以避免近中心处后面与切削表面之间产生剧烈摩擦。有些特殊的螺旋面磨法，能使钻头从近外缘转角到近钻头中心各点轴向后角合理分布。

后面的刃磨方法还会影响横刃的形态，下面再讨论横刃部分。

典型的麻花钻具有两个切削刃，两个切削刃各有各自的前面和后面。但到钻芯处，原有的两个前面结束了，而两个后面相交形成了横刃。

图 2-41 表示了钻头横刃的工作状态和几何角度。在横刃处，形成横刃的两个面，其中一个面作为前面时，另一个面就成为它的后面，它在钻削时通常是以极大的负前角来进行切削，这样的切削与"挤压"或者"刮削"类似。

横刃上有个几何角度叫"横刃斜角"，如图 2-42 所示。这个横刃斜角实际上反映的是钻头近钻芯处后角的大小。当钻头近钻芯处轴向后角较大时，横刃斜角 Ψ 就较大，横刃较短，这样横刃的挤压现象不那么明显，但横刃的强度较差，易于损坏；而当钻头近钻芯处轴向后角较小时，横刃斜角 Ψ 就较小，横刃较长，横刃的挤压就更严重，但横刃强度高。常规的钻头一般拥有 $\Psi=50°\sim55°$ 的横刃斜角，这时横刃处前角 $\gamma_{o\psi}$ 约为 $-(54°\sim60°)$，而后角 $\alpha_{o\psi}$ 约为 $26°\sim30°$。这样的横刃斜角在切削力和强度方面相对比较平衡。对于曲线的横刃，一般以钻头中心线处的曲线切线与主切削刃在端面的投影的切线之间的夹角为横刃斜角。在图 2-43 所示的三种磨法的图中，图 2-43a 的横刃斜角较小而图 2-43c 中的横刃斜角较大，说明图 2-43a 中的钻头近中心处后角较小，图 2-43c 中的钻头中心处后角较大。但这并不说明横刃斜角的大小与刃磨方法有关，一般后角的

a) 工作状态(图片来源：肯纳金属)

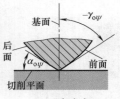

b) 几何角度

图 2-41　横刃的状态和切削角度

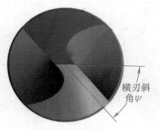

横刃斜角 Ψ

图 2-42　横刃斜角

大小与刃磨参数的设置关系更大。而关于刃磨的参数，将在本书后面加以介绍。

刃磨的方式还影响了横刃的形态。许多人以为钻头的横刃侧看呈直线状态，其实在很多时候并不是如此。我们知道，只有两个平面的交线永远是直线，而两个曲面的交线在绝大部分情况下都不是直线。圆锥磨法和圆柱磨法都只有当横刃正好落在圆锥或者圆柱的素线上时，横刃才会是直线，但实际情况却通常不是这样。而在大部分情况下，钻头的横刃都是中间略为凸起的空间曲线。在图2-44所示两个倾斜的图上，可以看到圆柱磨法和圆锥磨法的钻头横刃都是中间略为凸起的空间曲线。

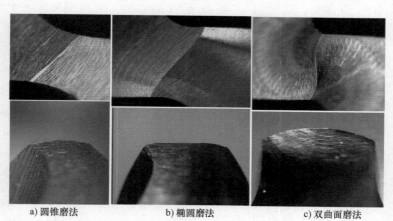

a) 圆锥磨法　　　　b) 椭圆磨法　　　　c) 双曲面磨法

图 2-43　横刃的形态（图片来源：伊利诺伊大学厄巴纳—香槟分校）

可以看到，这里无论是圆锥磨法、椭圆磨法（也可以认为是圆柱磨法的一种变化）还是双曲面磨法，其横刃都呈现一种中间凸起的形态。

横刃的这种中间凸起的状态对于改善钻头的钻入能力是有益的。由于横刃的中间点凸起，其定心能力比直线型的横刃会有所改善。但这种凸起对横刃的强度也有影响，要避免横刃强度大幅度降低。

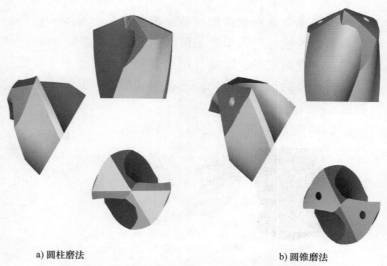

a) 圆柱磨法　　　　　　　　　　b) 圆锥磨法

图 2-44　圆柱磨法和圆锥磨法的钻尖（图片来源：斯来福临）

由于横刃上存在这种挤压现象，麻花钻钻削时的轴向阻力中，来自横刃的阻力占了相当大的比例。据来自瓦尔特—蒂泰克斯的资料，一般来说轴向力的60%～70%都来自于横刃，而只有30%～40%来自于两条主切削刃（图2-45）。

在传统的钻头中，当横刃斜角Ψ固定时（即横刃处后角固定时），横刃的长度与钻芯厚度（图2-18）成正比。因为必须保证一定的钻芯厚度，通过钻头本身的结构参数来大幅度缩小钻芯厚度不太可能。因此，修磨横刃成为缩短横刃长度、减小钻头轴向阻力的重要手段。

关于横刃修磨的问题，在下一个部分钻头结构的变化中加以介绍。

◆ 槽型的影响

整体硬质合金麻花钻的槽型是指麻花钻横截面的形状。这种形状不但影响硬质合金钻头本身的刚性、影响可用的容屑空间、影响切屑的形成和排出，还影响切削液的流入和排出。

图2-46是几种硬质合金钻头的截形。

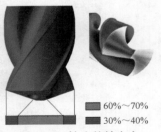

60%～70%
30%～40%

图2-45　钻头的轴向力

有资料表明，不同的截形也会影响钻头的耐磨性，菱形直线刃型截形的钻头寿命比传统型提高了25%，菱形等前角型则比传统型提高了37.5%。

钻头的截形中沟槽大致可以分为两个部分，如图2-47所示的红色部分是用来与后面构成的切削刃起到切削作用，可称之为"主要部分"或"首要部分"；而图中的蓝色部分的作用是主要控制切屑的形状和流动，可以起到容屑和导屑的作用，这一部分可称之为"次要部分"。

钻头沟槽的"主要部分"可以分为直线形、外凸形和内凹形三种基本形式，如图2-48所示。但这里指的是截形的形状，与刃口的形状并不是一回事。

钻头刃口的形状由截形及刃磨的顶角有关。修磨钻尖时如果顶角与原始顶角不同，刃口形状就会改变（这点在本书最后一章中介绍），而一般来说钻头出厂之后用户基本上是无法改动钻头沟槽形状的。

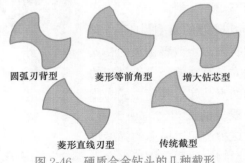

圆弧刃背型　　菱形等前角型　　增大钻芯型

菱形直线刃型　　传统截型

图2-46　硬质合金钻头的几种截形
（图片来源：华中科技大学）

图 2-49 是三种不同材料、不同沟槽形状的钻头的力学性能比较。

从图中可以看到，通过截形的改变，钻头的最大、最小两种抗弯截面系数上都得到了提高。通过改进，在钻头的极限进给量有了提高。加工 S50C 钢时（相当我国的 50 钢），高速钢钻头的极限进给量为 0.8mm/r，早期整体硬质合金钻头的极限进给量为 1mm/r，而改进后钻头的极限进给量可达 1.2mm/r。

钻头槽型有一个参数叫沟背比，它代表的钻头截形中容屑沟槽与钻头刃瓣的角度比，如图 2-50 所示。

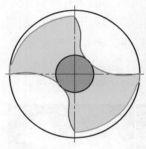

图 2-47 硬质合金钻头槽型的"主要部分"和"次要部分"

  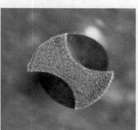

a) 直线形　　　　　　b) 外凸形　　　　　　c) 内凹形

图 2-48 硬质合金钻头槽型"主要部分"的三种形态

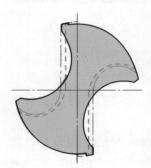

截形简图	高速钢	早期硬钻	住友K钻
截面积/mm²	33.409	38.399	41.492
抗弯截面系数/mm³ 最小	14.536	18.498	25.156
抗弯截面系数/mm³ 最大	65.261	69.831	74.903

图 2-49 高速钢钻头、早期的整体硬质合金钻头和住友 K 钻的力学特性比较（图片来源：住友电工）

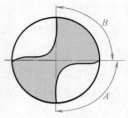

图 2-50　钻头槽型的沟背比

表 2-4　钻头沟背比对钻头性能的影响

沟背比示意图	断屑	排屑	切削阻力	钻头刚性
	差	优	小	弱
	优	差	大	强

钻头的沟背比的直观反映是钻头刚性与容屑排屑的关系，平衡两者的关系是确定钻头槽型的一个重要环节。但是，钻头的沟背比影响的不仅仅是这两者，它还影响着断屑、切削阻力等多个方面。表 2-4 反映了钻头沟背比对钻头性能的影响。

对于加工钢件时：推荐长径比 2.5 以下的钻头沟背比为 0.6∶1；长径比 4 以下的钻头沟背比为 0.8∶1；而长径比为 4.5 以下的钻头沟背比为 1∶1。加工铸铁及铝合金时，推荐钻头沟背比为 1.2∶1。因排屑主要受沟背比和排屑槽平滑程度的影响。当超过一定的沟背比时，排屑能力不再增加。

◆ 钻芯圆直径的影响

在钻头的截形中有一个重要的参数：芯厚。"芯厚"是长期针对两槽的麻花钻形成的习惯叫法，其实叫"钻芯圆直径"更为合适。钻芯圆可参见图 2-47 的紫色圆，在有更多的容屑槽时，这个圆虽然常常难以直接测量，但其叫做直径还是会比厚度更为合理。

图 2-51 是两种不同钻芯圆直径的三槽钻头。通常，在不经横刃修磨的条件下，较小的钻芯圆直径的钻头主切削刃近中心处相对比较锋利，切削相对轻快，容屑空间也较大；而钻芯圆直径较大的钻头虽然锋利度较低，但钻头强度较高，能承受较大的切削力。

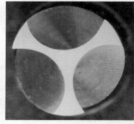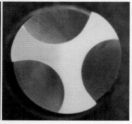

图 2-51　三槽钻头不同截形
（图片来源：台湾成功大学）

资料表明，钻芯圆直径每增加约 0.5mm，钻削时的轴向力就会增加 13%。因此增加钻芯厚度在提高钻头强度的同时，也会大幅度提高轴向力。

目前常见的是较大的钻芯圆直径，而通过修磨来提高切削刃的锋利性，降低切削力。后面会介绍通过修磨改善近钻芯处切削力的方法。

◆ 主切削刃形状的影响

与钻头截形类似，钻头的主切削刃的基本形状有直线形、内凹形和外凸形三种，如图2-52所示。

一般而言，直线形和内凹形的切削刃的截形都是内凹的，锋利性相对较好，排屑空间较大；而外凸形的切削刃的前角一致性较好，钻头的强度稍高，刚性较好。

◆ 刃带的影响

刃带在钻头的最外圆，测量一个钻头的工作部分的直径通常就是测量刃带最外缘所在的直径（图2-53）。一般而言，可以认为钻头的刃带有一部分始终与被加工孔的已加工表面保持接触。

钻头的刃带与维持钻孔中钻头本身的稳定性密切相关：由于钻头的钻芯圆通常不大，钻头整体的刚性（抗弯能力）不高，

很容易在两个（或更多）切削刃上合力的作用下产生弯曲，从而使钻出的孔偏斜。但由于它始终有一部分刃带与被加工孔的已加工表面保持接触，钻头在钻孔时就通过刃带将径向切削力传递到孔壁，切削力得到卸载，这种偏斜一般较少明显发生。但如果需要加工高精度或高圆柱度或者加工长径比很大的孔，这种偏斜通常看不显著，但是至关重要的。因此，多刃带、切向刃带等刃带的改进也就应运而生（这些改进的细节会在下一个部分介绍）。

■ **钻头结构的变化**

◆ 修磨横刃

并不是只有整体硬质合金钻头才会采取修磨横刃的措施。钻头大王倪志福先生牵头创造的"群钻"，就是基于高速钢钻头进行的革新，可看出群钻基本上都修磨了横刃（图2-54）。

a) 外凸形　　b) 直线形　　c) 内凹形

图2-52　硬质合金钻头切削刃的三种形态

（图片来源：肯纳金属）

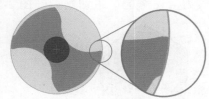

图2-53　硬质合金钻头的刃带

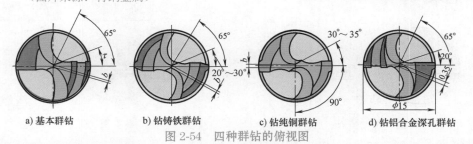

a) 基本群钻　　b) 钻铸铁群钻　　c) 钻纯铜群钻　　d) 钻铝合金深孔群钻

图2-54　四种群钻的俯视图

现代的整体硬质合金钻头大多也需要修磨横刃。德国标准有 A～E 5 种钻尖，全都包含了修磨横刃。

• **A 型钻尖**

A 型钻尖比较简单，其制造特点是只需在标准的麻花钻基础上对横刃进行修正，使横刃长度缩短到约为钻头直径的 10%（图 2-55）。

A 型钻尖缩短了横刃，使钻头的定心精度得到改善。A 型钻尖与未经修磨的标准麻花钻相比，可在钻削时减小 30% 左右的轴向力。

A 型钻尖缩主要适用于钻削低强度的韧性钢材、轻金属（铝及合金、铜及合金等）、弹塑性材料等。

• **B 型钻尖**

B 型钻尖在 A 型钻尖的基础上，不但修磨横刃，还修磨了主切削刃（图 2-56）。

B 型钻尖的横刃长度通常比 A 型钻尖稍小，一般约为钻头直径的 8%，同时修磨主切削刃，使钻头主切削刃各点的前角变化减小。

B 型钻尖使得钻头上主切削刃上各点的前角变化较小（理想的状况是各点前角相等，形成所谓的等前角钻头）。与 A 型钻尖相比，B 型钻尖抗冲击性好，主要用于加工高强度的材料。

• **C 型钻尖**

C 型钻尖是将钻头的横刃修磨为 X 形或十字形，横刃变为两条内刃，如图 2-57 所示。可以使用平面磨法，可以使用圆柱磨法或者圆锥磨法，还可以是螺旋磨法或其他修磨方法。修磨后的横刃一般只留 0.1～0.4mm，这样钻入的轴向阻力就会降到最小的程度（通常钻入的轴向力减少约 60%）。C 型钻尖具有良好的定心精度和断屑能力，主要用于加工碳钢、合金钢等材料，也可

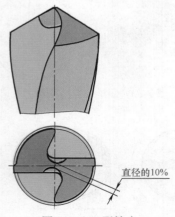

图 2-55　A 型钻尖

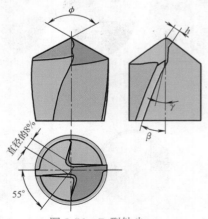

图 2-56　B 型钻尖

用于铸铁及有色金属。

C 型钻尖是应用面相当广泛的一个类别。钻头切削刃在横刃修正后，在钻芯处的部分又多出了内刃，内刃与主切削刃间有过渡刃。过渡刃的处理通常有两种方式，一是圆弧过渡，另一种是直线过渡，如图

2-58 所示。构成 C 型钻尖的可以是偏心螺旋面（称为"双弧面"型，见图 2-59），也可以是"四平面"，如图 2-60 所示。图 2-61 就是一个 C 型钻尖的实例。

"双弧面"型采用镰刀形刃口，能增大切屑的附加变形而有助于断屑，特别适合

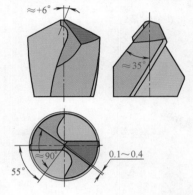

图 2-57　C 型钻尖

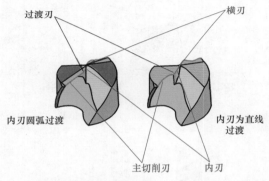

图 2-58　两种 C 型钻尖的内刃方案（图片来源：苏州阿诺）

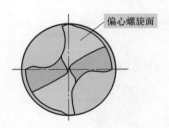

图 2-59　双弧面型后面（图片来源：阿诺）

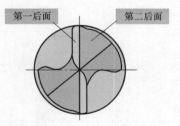

图 2-60　四平面型后面（图片来源：阿诺）

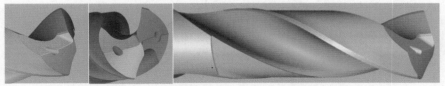

图 2-61　一个 C 型钻尖的实例（图片来源：斯来福临）

中低强度钢材的加工；而"四平面"型多采用平直形刃口，刃口强度高，并采用双后角结构且容屑空间大，对制造设备要求不高。"四平面"型式在加工过程中，可以采用先磨第二后角再磨第一后角的方式，钻头径向变形较小，易保证刃口的对称度

和表面质量，在直径小于ϕ6mm的中小直径钻头或深孔钻头中应用较为普遍。

图 2-62 是"四平面"十字修磨的图样，图 2-63 是"双弧面"十字修磨的图样。两者的参数见表 2-5。

与四平面修磨相比，双弧面修磨提高

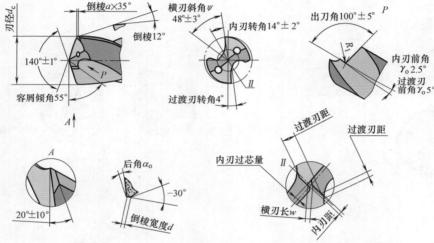

图 2-62 "四平面"十字修磨参考图样（图片来源：阿诺）

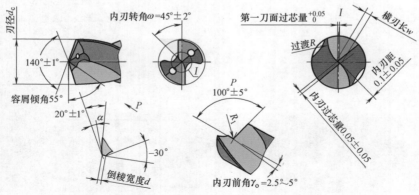

图 2-63 "双弧面"十字修磨参考图样（图片来源：阿诺）

表 2-5　十字修磨参数表

参数 范围		双弧面	四平面
横刃长 w		$(0.03 \sim 0.06)\, d_c$	$(0.01 \sim 0.02)\, d_c$
横刃斜角 Ψ		$48° \sim 55°$	—
顶角 ϕ		$130° \sim 140°$	$140° \pm 1°$
主切削刃	后角 α_{o1}	$7° \sim 15°$	$7° \sim 9°$
	后角 α_{o2}	—	$20° \pm 1°$
内刃容屑倾角		$50° \sim 55°$	$50° \sim 55°$
内刃前角		$0° \sim 5°$	$0° \sim 2.5°$
内刃转角		$14° \sim 32°$	$45° \pm 3°$
容屑角		$100° \sim 110°$	$100° \sim 110°$
过渡刃转角		$0° \sim 6°$	—
过渡刃圆弧		—	$(0.1 \sim 0.2)\, d_c$

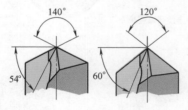

图 2-64　容屑倾角（图片来源：住友电工）

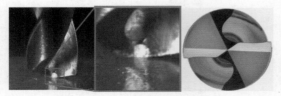

图 2-65　钻入时的卷屑及端面图
（图片来源：住友电工）

了切削刃的强度，保证了钻削过程的稳定性；提高了切削刃的抗崩刃能力，大幅度提高了刀具寿命；并且提高了钻头的定心精度。

对于"四平面"十字修磨方式，住友电工提出不同顶角可对应不同的容屑倾角，如图 2-64 所示。有些多用途钻头将钻芯直径进行了较大幅度增加并进行了横刃修薄，这样横刃越短、顶角越小，钻头的"咬入性"越好。

"四平面"十字修磨的容屑倾角处有两个小的平面，在钻头刚开始切削时这两个平面会构成小的卷屑空间，如图 2-65 所示。

- **D 型钻尖**

D 型钻尖与前面三种钻尖既有共同点也有不同点。共同点是 D 型钻尖也修磨了横刃，它修磨后的横刃长度与 A 型钻尖相同，也约为钻头直径的 10%；不同之处是将钻头磨出了两个顶角，因此这种钻头的主切削刃分为两段，具有两个不同的主偏角。德国标准的推荐是外面的那段主切削刃（外切削刃）长度为整个切削刃长度的 1/3，而近中心的那段主切削刃（内切削刃）长度则为整个切削刃长度的 2/3（图 2-66）。D 型钻尖的内切削刃又采用了类似于 B 型钻尖的方法修磨了前面，这样内切削刃的前角分布也得到了很大的改善。通过增加外切削刃，主切削刃的长度得到了延长，钻头刃尖的切削条件也得到了改善，切削刃散热得到了加强。

● **E 型钻尖**

E 型钻尖又是一个不同的类型，是将切削刃制成"蜡烛头"的中心尖型式（图2-67）。这种钻尖与 D 型钻尖看着极其不同，其实也有些类似：它们都是将主切削刃分成两段，两段所占的比例都是 1:2 的比例（只不过 D 型是内切削刃占 2/3，而 E 型则是内切削刃占 1/3）；D 型两个顶角是内大外小，E 型则是内小外大。E 型钻尖同样修磨了横刃，内切削刃同样修磨了前面。

E 型钻尖的特点是定心精确，修正主切削刃的外部成直线刃，顶角 180°～200°，用于薄壁工件的精密钻削（切削穿透时产生一圆片），用于加工软的材料如铝合金、铜合金或木材，还可用于减少出口毛刺。这种钻尖与群钻中的钻薄板群钻也很相似（图2-68）。

有些公司还会提出一些自己的钻尖类型，如 U 型和 UV 型钻尖（图2-69）。但这样的钻尖类型不具有通用性，由不同公司出品的类型代号相同的钻头完全可能是不同的结构。

◆ **钻尖外缘转点处理**

钻头钻尖外缘转点是钻头主切削刃与

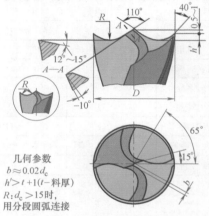

几何参数
$b \approx 0.02 d_c$
$h' > t + 1 (t-$料厚$)$
$R : d_c > 15$时，
用分段圆弧连接

图 2-68　与 E 型钻尖相似的钻薄板群钻

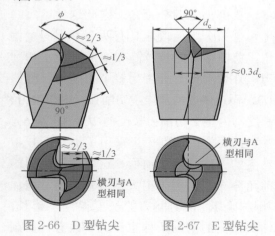

图 2-66　D 型钻尖　　　图 2-67　E 型钻尖

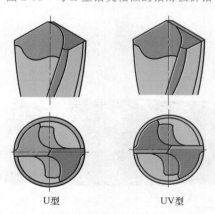

U型　　　　　UV型

图 2-69　两种钻尖（图片来源：瓦尔特刀具）

副切削刃的转折点，是钻头上切削速度最高的区域，也是切削力和切削热较为集中的区域。这一区域的磨损较大，也容易发生崩刃，如图 2-70 所示。

- **折线切削刃**

现代的刀具商在钻头的外缘常常会加上一个小的倒角。在某种程度上，可以认为是类似于 D 型钻尖，但外刃非常小，如图 2-71 所示。

如 D 型钻尖具有更大的折线刃，这种折线刃有时可以用多段主切削刃来构成主切削刃。图 2-72 就是一种三段切削刃组成的三顶角折线刃钻头。图中的第一顶角较小为 60°，第二顶角为 80°，而钻芯处顶角较大为 140°（图中的钻头还经过了横刃修磨）。

资料表明，多重顶角甚至能达四重顶角，可加长切削刃，减薄外刃的切削深度，加大外缘转点的刃尖角，通过这些因素提高了切削刃外缘转点处的强度，降低了其单位刃长上的热负荷，因此，可以提高钻头的寿命，提高切削速度。由于外缘部分顶角小，而使钻头法向前角减小，切削刃加长，则将使切削转矩稍有增加。

另一种切削刃如图 2-73 所示。这种折线刃由两段组成：一是钻芯段，相当于普通麻花钻或径向刃钻头；另一是外缘段，加大该段的端面刃倾角。这样，可使该段前角和切削深度适当减小，两段切削负荷趋向均匀，并可增强钻头的刚性。

折线切削刃通过加制外切削刃，主切削刃的长度得到了延长，钻头刃尖的切削条件也因此得到了改善，切削刃散热得到了加强。

图 2-70　钻头外缘的磨损（图片来源：肯纳金属）

图 2-71　钻头外缘的倒角（图片来源：肯纳金属）

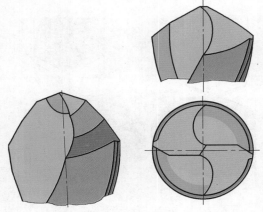

图 2-72　三顶角折线刃　　图 2-73　一种折线切削刃

资料表明，对外缘转角进行处理对于消除铸铁钻孔中常见的出口毛刺或崩口有帮助。图 2-74 是带或不带外缘转角的两种钻头在加工铸铁孔时的情况对照。可以看到，图 2-74a 中带外缘转角处理的钻头钻出的孔，孔口比较完整，无毛刺或崩刃现象，而如果外缘转角处不处理，就容易产生毛刺或者崩口等质量问题。后面讨论刃口钝化时，还会有外缘转角处理加刃口钝化对孔口质量改善的案例。

- **圆弧切削刃**

另一种钻头外缘转点的处理是用圆弧来处理。

常见的圆弧刃是将图 2-71 中的倒角改成倒圆。这种位于主切削刃和副切削刃之间的倒圆就类似于车削刀片中的刀尖圆角，太大的圆角切削的阻力较大，还会产生相当程度的径向力，使钻削时易发生振动。

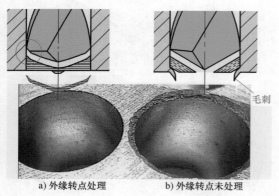

a) 外缘转点处理　　　　b) 外缘转点未处理

图 2-74　外缘转角有利于消除毛刺或崩口
（图片来源：肯纳金属）

钻头外缘拐角圆弧化的一个极端是全圆弧切削刃。所谓全圆弧切削刃就是将钻头的主切削刃自横刃转点起用一个圆弧形的主切削刃来代替常规的直线或折线切削刃，并使这个圆弧切削刃与副切削刃相切，如图 2-75 所示。这种全圆弧切削刃的钻头在切削机理比较近似于车削中的圆刀片。这种全圆弧刃钻头的切削刃接触长度很长，切削力和切削热分布在更长的刃口上，切削负荷较小。

下面讨论下修磨横刃等对钻头断屑的影响。

钻头钻孔的切削速度有个特点，其切

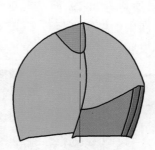

图 2-75　全圆弧切削刃

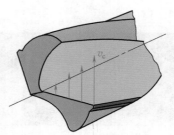

图 2-76　主切削刃上切削速度分布

削刃上各点的切削速度，由近钻芯处（内）到外缘转角（外）的切削速度形成一个短边几乎为零的梯形，可以近似认为它是三角形，如图 2-76 所示。

如果以主切削刃底边，转速越高，这个三角形的高度就越高，也就是内外速度的绝对差值越大。这种速度差会造成切屑的横向卷曲，如图 2-77 中蓝色所示，形成环形切屑（图 2-78）。另外，由于钻头的切屑还要受到前面的摩擦，钻出孔的孔壁以及钻头截形中"次要部分"（图 2-47）的约束，会形成锥形螺旋。图 2-79 所示就是常见的传统钻头的卷屑。

在传统机床上，为使钻屑方便导出，常常希望形成如图 2-80a 所示较长的长螺旋卷屑，但在数控机床上，这种长螺旋钻屑和如图 2-80b 所示卷得更松、近似长条形的长螺距带状屑都被认为容易缠绕在刀具或工件上，需要停机清理而影响加工效率，通常不被接受。但通孔钻穿时易出现这种长螺距带状屑。

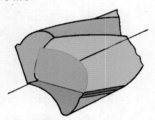

图 2-78　切削速度引起切屑的横向卷曲

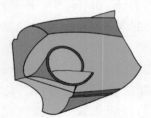

图 2-79　钻头的螺旋切屑

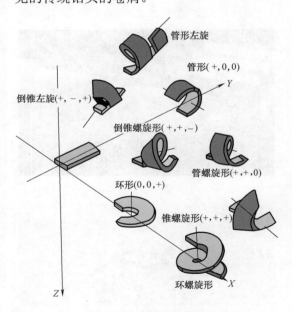

图 2-77　切屑成形原理
（图片来源：哈尔滨理工大学）

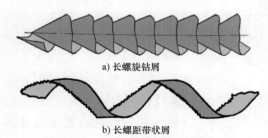

a) 长螺旋钻屑

b) 长螺距带状屑

图 2-80　数控加工不希望出现的钻屑
（图片来源：上海科技出版社《群钻》）

在数控加工中，常常希望钻出的切屑是短小的锥管螺旋形，如图 2-81 所示。

为了使钻屑易于排出，通常需要切屑较短、易于折断。但有些工件的材料并不是非常容易折断。

在《数控车刀选用全图解》3.2.1 中已经介绍过，切屑的折断或基于切屑上的最大应力超过材料的许用应力，或是基于切屑某处的应变超出材料极限。钻头上修磨横刃，常常并不仅仅是减少轴向钻削力，还经常是断屑的需要。

图 2-82 表示修磨横刃引起的切屑厚度的变化：图 2-82a 是未经横刃修磨的圆锥磨法钻尖，其钻屑的原始截面是一个矩形，等效切屑厚度 h_{ch} 相对较小，断屑相对较难；而图 2-82b 的钻尖经修磨后，钻屑的剖面局部形成了弧形，等效切屑厚度 h_{ch} 增加了，弯曲力矩也增加了，使切屑更容易折断。

四平面的 C 型钻尖理论上是将图 2-82 右侧切屑的截面从弧形连接换成了接近于拐角连接，同样也是增加了等效切屑厚度，从而使切屑更容易折断。而图 2-73 的折线刃与四平面的 C 型钻尖类似，只是转折的位置、角度不相同罢了。

十字修磨的切削刃弯曲或转折还有一个特点，就是两段切削刃的前角也不相同，因此流屑方向也不相同，这造成了两段切屑间的内应力，使切屑由此产生另外的附加应变，这也使切屑更容易折断。

整体硬质合金钻头钻孔时产生切屑的状况如图 2-83 所示。

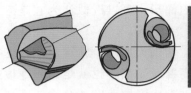

图 2-81　钻削中的锥管螺旋屑
（图片来源：肯纳金属、阿诺）

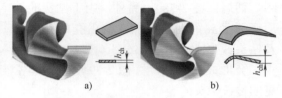

图 2-82　修磨横刃引起的等效切屑厚度

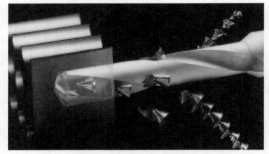

图 2-83　整体硬质合金钻削的切屑形态
（图片来源：山特维克可乐满）

图 2-84　整体硬质合金钻入时的切屑形态
（图片来源：山特维克可乐满）

一般而言，除开始钻入时切屑能形成图 2-84 所示的较长的螺旋屑外，当整个切削刃进入切削时，都应该是如图 2-85c 所示的短屑，与车削的 C 形屑比较类似；有些时候 3 圈以下的短螺旋屑也可以接受，如图 2-85b 所示。但如果是许多较长的螺旋屑（6 圈以上），如图 2-85a 所示，就很容易造成切屑之间的缠绕导致切屑堵塞，这种切屑状态是应该避免的：因为切屑堵塞轻则会引起孔的表面被拉毛（图 2-86b），重则会使钻头断裂。

钻头钻入时，由于主切削刃与工件间的接触长度在逐渐变化，造成横向卷曲的速度差不同，其卷曲程度不一样，在主切削刃完全切入前的卷屑较长属于正常现象。图 2-87 是主切削刃切入过程中的不同的切屑状态。

在整个主切削刃接触工件后，内外速度差达到最大，钻屑形成强烈的横向卷曲，在横向卷曲中受钻头沟槽的形状发生卷曲。在沟槽的底部，是锥管形切屑的顶部，此处切屑的向上卷曲半径很小，切屑内应变较大，当此处切屑的应变达到最大应变，切屑在近容屑槽底处产生裂纹并扩展，如图 2-88 所示。

  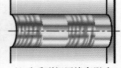

a) 不好的切屑形态　　b) 可接受的切屑形态　　c) 好的切屑形态

图 2-85　整体硬质合金钻头钻削的切屑形态
（图片来源：山特维克可乐满）

a) 孔具有良好排屑　　b) 孔受到切屑堵塞影响

图 2-86　钻头切屑堵塞引起孔壁拉毛
（图片来源：山特维克可乐满）

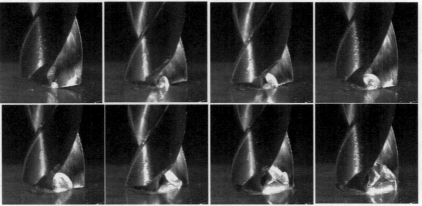

图 2-87　主切削刃切入过程中的不同切屑状态（图片来源：住友电工）

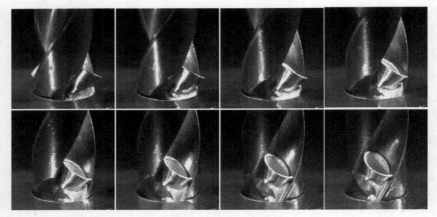

图 2-88　钻削切屑断裂过程（图片来源：住友电工）

图 2-89　SG 型钻头的钻入视频

图 2-89 是住友电工 GS 型整体硬质合金钻头钻入时的慢镜头视频，欢迎有兴趣的读者扫码观看。

◆ S 钻尖

钻尖的另一种处理方式是用特殊的曲面来构成钻尖，这种类型的典型是肯纳金属的 SE 钻尖及其后来从 SE 钻尖发展出来的 HP 钻尖。

SE 钻尖的特征是其端视图中横刃呈明显的"S"形，因此这种钻尖也常被称为"S"型钻尖。

SE 钻尖的 2 个后面是比较复杂的三维曲面，由这种曲面构成的后面不需要用常见的"双弧面"或"四平面"十字修磨，也能使各处的几何角度形成都比较合理的形态，尤其是横刃处，使原本的横刃

近中心倾向于负前角的状态也得以改善。图 2-90 是用于钢件加工的 SE 钻尖的特征。图 2-91 是 SE 钻尖与传统高速钢钻头轴向前角（图中绿色线条）的对比，在主切削刃接近钻芯的部分，SE 的轴向前角较小（图中红色线条，这是与其钻芯较大相关

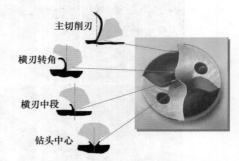

图 2-90　加工钢件的 SE 钻尖的形态特征
（图片来源：肯纳金属）

的），而在钻芯部分，其轴向前角比传统钻头要大很多。这样一来，不仅绝大部分的钻芯部分能参与切削降低轴向力，整个切削刃的前角差异也大大减小，轴向前角的分布更为均匀。这种结构对于其改善切削力是有很好的作用。

SE 钻尖的侧面（对着切削刃外缘转角）会呈现炮楼形，而在大致垂直横刃的方向则呈现一个弧形，如图 2-92 所示。

HP 钻尖则是在 SE 钻尖的基础上升级换代形成的新一代钻尖。图 2-93 就是同样加工钢件的 HP 钻尖的形态特征。

对照两者能发现其中的一些不同之处。

首先从端视图上能看出，SE 钻尖的主切削刃呈凹形，这样的主切削刃比较锋利，切削比较轻快；而 HP 钻尖的主切削刃呈凸形，这样的主切削刃的外部前角有所减小，主切削刃上的前角比较一致。

其次在横刃上，SE 钻尖的前角虽比常规钻头有较大改善，但依然是横刃转角处是负前角，与外缘转角处的大前角相比，差距很大；HP 钻尖的横刃转角处的前角已是正前角，与外缘转角处的较小的前角之间的差值已明显减小。而在横刃处，HP 钻尖也较 SE 锋利。

图 2-94 是 SE 钻尖的钻入视频。通过这一视频，可以看到，只有主切削刃尚未与工件完全接触时，有稍长的螺旋状切屑，当主切削刃与工件完全接触后，切屑的形

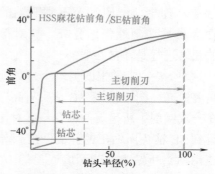

图 2-91 两种钻头前角对比（图片来源：肯纳金属）

图 2-92 两个方向看 SE 钻尖（图片来源：肯纳金属）

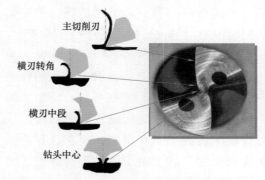

图 2-93 加工钢件的 HP 钻尖的形态特征
（图片来源：肯纳金属）

图 2-94 SE 钻尖的钻入视频

态就非常理想，一圈甚至不到一圈的切屑会很容易被切削液带出孔外，这对保证钻削的正常进行是非常必要的。

这种 SE 钻尖带来的另一个好处就是钻孔精度提高。图 2-95 是 SE 钻头与高速钢钻头在一次钻削中所呈现的钻孔精度对比，可以看到 SE 钻头所钻出的孔的圆度误差仅为高速钢钻头所钻出孔的圆度误差的 1/5。这种精度的提高，第一是由于 SE 钻头采用了硬质合金材料，而硬质合金抵抗弯曲变形的指标弹性模量是高速钢的 3 倍，也就是说同样的形状尺寸，在同等径向合力下硬质合金钻头的挠度只有高速钢的 1/3；第二是由于 SE 钻头芯厚的增加，其刚性得到了进一步的增强；第三是磨削精确，使钻头的回转中心能与设计的回转中心基本重合，从而减小了被加工孔的非圆性形状误差（该误差的分析在整体硬质合金钻头的修磨中加以介绍）。这些因素的叠加，使钻头两个外缘转角能稳定地构成较圆的轨迹，从而大幅度提高了钻孔精度。现在，有些钻头在原来的基础上做了进一步的改进，增加辅助支撑刃来进一步改善钻孔的稳定性，孔的圆度也可得到进一步提高。

◆ 刃口钝化或倒角

图 2-62 和图 2-63 中的"倒棱宽度"表明这两种钻头的主切削刃上存在一个倒棱，这个倒棱就是主切削刃的钝化。而图 2-96 中红色箭头所指部分则是在副切削刃上的倒棱，即钝化（注意与图上蓝色箭头所指的差别，蓝色箭头指的是外缘转角的处理而不是钝化）。

图 2-97 是一个钻头外缘转角附近的放大照片，可以清晰地看到该处的主副切削刃上均有钝化。图 2-98 表示合理钝化的概念。

1）钝化量太小，刃口易崩损。

2）钝化量为进给量的 1/2 左右是比较适合的。

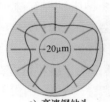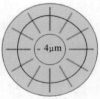

a) 高速钢钻头　　　　b) SE钻头

图 2-95　钻孔精度比较（图片来源：肯纳金属）

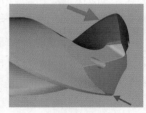

图 2-96　副切削刃的钝化示意图
（图片来源：斯来福临）

图 2-97　主副切削刃的钝化实例
（图片来源：肯纳金属）

3）钝化量太大，则倒棱承担主要工作，这种负前角加工切削阻力大，断屑效果常常不好。

推荐的钝化值如图 2-99 所示。图 2-100 是针对钻头刃口钝化与钻削轴向力的影响程度所做试验的结果。试验用 ϕ15mm 直径的整体硬质合金钻头，对硬度为 230HB 的 S50C 钢（相当于我国 50 钢）进行的切削试验。试验表明，钝化会引起钻头轴向力的变化，在相同的条件下，钝化值增加将引起轴向力的增加。

钝化还可能影响孔口处的毛刺或者崩口。图 2-101 是三种不同刃口处理方式获得的灰口铸铁 FC250（相当于我国的 HT250）孔口照片，使用的切削速度为 100m/min，进给量为 0.3mm/r。从图 2-101 中可以发现，三种中间孔口质量最好的是外缘转角 45° 倒角并钝化 0.01～0.02mm 的，据介绍，该倒角值为 0.25mm×45°，这种外缘转角小倒角加微量钝化，对于避免孔口出现毛刺或崩口非常有效。

◆ 刃带的变化

很多整体合金钻头的刃带也有变化，下面介绍部分钻头刃带的变化。

• 多刃带

一般的钻头只有两个刃瓣，每个刃瓣上有一条刃带，整个钻头有两条刃带。但有些钻头有多条刃带，有些钻头每个刃瓣上的刃带数量不等。

a) 钝化太少引起崩刃 b) 钝化合适 c) 钝化太大负荷太大

图 2-98　合理钝化的概念（图片来源：住友电工）

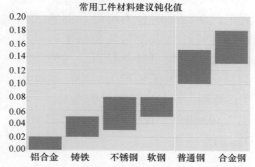

图 2-99　推荐的 ϕ10mm 钻头钝化值（图片来源：住友电工）

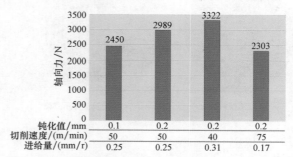

钝化值/mm	0.1	0.2	0.2	0.2
切削速度/(m/min)	50	50	40	75
进给量/(mm/r)	0.25	0.25	0.31	0.17

图 2-100　钝化对切削力的影响（图片来源：住友电工）

a) 负倒棱0.1～0.15mm　b) 负倒棱0.04～0.08mm　c) 外缘转角45°倒角并钝化0.01～0.02mm

图 2-101　钻头钝化值对孔口质量的影响
（图片来源：住友电工）

■ **三刃带钻**

三刃带钻的第一种是具有三个刃瓣，每个刃瓣上依然是一条刃带。这里要介绍的是两个刃瓣却有三个刃带的结构。图2-102是两种三刃带钻头，两个主切削刃上的两条刃带不平衡设计可以减少刃带的崩刃，而这两条刃带的合力将被导向第三条刃带。这种设计可以使钻头在钻削时减少摆动，孔可以得到更好的精度。另外这种设计的钻头钻入时的轴向力较小，这样可防止工件弯曲。这种钻头的进给率高。

图2-103也是一种三刃带钻头。其原理与Y-TECH钻头并无二致。

■ **四刃带钻**

四刃带钻基本上都是两个刃瓣的钻头，每个刃瓣上都有两条刃带。与传统钻头一样的刃带叫"第一刃带"，如图2-104中红色箭头所指或红色圆圈所圈。蓝色箭头所指或蓝色圆圈所圈则是所谓"第二刃带"，有些位于刃瓣结束的位置，有些则是处于刃瓣中间的位置（并不是指在刃瓣的正中间）。

图2-105是直径ϕ9.5mm的钻头在25mm深时刃带的支撑情况。图2-105a的双刃带能够形成的支撑比较有限，图2-105c的四刃带所形成的支撑则增加许多。但如果孔深比较小，双刃带所形成的支撑会更为有限，

a) 三刃带钻头　　　b) Y-TECH钻头及受力示意图

图2-102　三刃带钻头

（图片来源：肯纳金属）

图2-104　四刃带钻头（图片来源：肯纳金属）

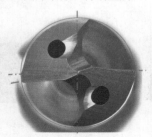

图2-103　三刃带钻头

（图片来源：玛帕）

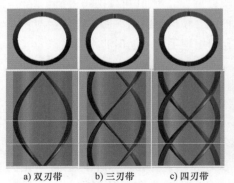

a) 双刃带　　　b) 三刃带　　　c) 四刃带

图2-105　不同数量刃带钻头的孔壁支撑

（图片来源：肯纳金属）

假设孔深为6mm，就会形成如同图上两条黄线之间的支撑情况，更为有限。这种支撑上的不足，可能会导致整个孔的轴线不断偏移，引起孔形的扭曲和孔的有效作用尺寸缩小，影响孔发挥正常的功能，如图2-106所示。图2-106中上图的红色箭头所指处没有刃带，孔形可能会发生变形，在钻头撤出后（下图），就可以看到整个孔形有些弯曲。

图2-104所示四刃带钻头的第二刃带处于刃瓣的结束处，这种布置通常用于尾根转点与外缘转角距离较小的场合。对于第二刃带的位置：其一是它的起点与第一刃带的距离不能过远，否则在开始钻削的一段距离内会出现只有第一刃带与孔壁接触而第二刃带还没有接触，使孔产生局部如图2-106的弯曲；其二则是在满足条件一的前提下，尽可能使四条刃带在圆周方向均匀分布，提高支撑的刚性。

由于上述第一条的要求，有些钻头的第

二刃带会在刃瓣的中间，以防两刃带起点距离过大（该距离见图2-107）。在图2-107中，看到该钻头的后角较大，如果该钻头的第二刃带也如图2-104所示布置在刃瓣的结束处，钻头钻孔时就会有较长的一段缺乏支撑，造成加工状况的不稳定。

有一种钻头与其他四刃带钻头具有明显不同的结构，如图2-108所示。它的第二刃带特别宽，可以说几乎就是从图2-108的第二刃带到图2-105的第二刃带的整块区域

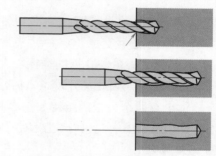

图2-106　双刃带可能导致孔变形
（图片来源：肯纳金属）

图2-107　双刃带位置变化
（图片来源：住友电工）

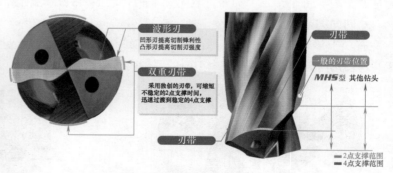

图2-108　MHS钻头（图片来源：三菱材料）

数控钻头 选|用|全|图|解 ....

Shukong Zuantou Xuanyong
Quantujie

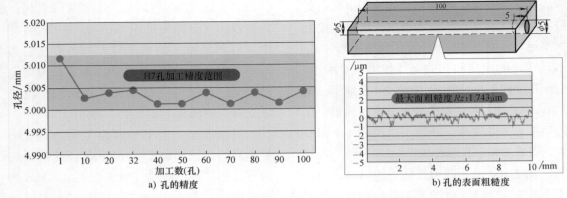

图 2-109　MHS 钻头的加工质量（图片来源：三菱材料）

都连接起来了。这种设计既使第二刃带能及时跟上第一刃带作为辅助支撑，又在圆周方向较大的范围内提供支撑。这种钻头加工的孔径和表面质量都比传统钻头有了提高（图 2-109），只是第二刃带与孔壁的摩擦较大，加工不锈钢、钛合金、镍基合金等发热比较严重的材料时会有隐患，因此又开发了六刃带的钻头。

直槽钻也有四个刃带的结构如图 2-110 所示，图 2-110 中第二刃带看上去比较锋利，除支撑外，对于已钻出的孔也有铰削的作用，能提高孔的加工质量。

■ 六刃带钻

前面提到了六刃带钻头（图 2-111），这种六刃带钻头并不是三个刃瓣每个带两条刃带，而是两个刃瓣每个带三个刃带。它与第二刃带的 MHS 钻头相比，摩擦大为减少。

• 切向刃带

有异于传统的钻头刃带，瓦尔特刀具 DC170 钻头采用了所谓的切向刃带，如图 2-112 所示。这种切向刃带使钻头在整个刃瓣的范围内都在孔壁形成支撑（图 2-113），这可以大幅度提

图 2-110　直槽钻的双刃带（图片来源：肯纳金属）

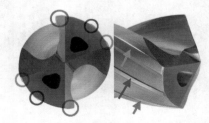

图 2-111　MQS 钻头（图片来源：三菱材料）

高钻孔质量。不过与 MHS 钻头类似，较大面积的支撑会带来较大的摩擦，这种钻头不适合用于不锈钢、钛合金、镍基合金等发热比较严重的材料的加工。

还有一个情况要说明，DC170 钻头对刃磨有特别的要求，即每次刃磨总需要磨去一整条刃带的长度，因为刃磨后的外缘转角处必须是有刃带的位置，这会增大刃磨量并减少可刃磨次数。建议，这种钻头在刃磨至只剩 2 条刃带时便不再刃磨，因为太少的刃带不足以形成有效的支撑。

DC170 钻头得益于切向分布的刃带，它的刃部强度超过以往的钻头。切向分布的刃带大大提高了切削刃的稳定性。新刃带设计使得钻头在加工中产生的振动减小。加工出孔的质量更高，钻头的磨损也更小。从图 2-114 的截形，大致可以得出，DC170 钻头还采用了类似双弧面的修磨方式，钻芯圆直径约为直径的 35%，沟背比约 0.4:1。

对 42CrMo4（抗拉强度 1050MPa）的工件进行 DC170 钻头和原先钻头的切削对比，直径 ϕ6mm 孔深 120mm 的孔，使用切削速度 v_c=64m/min（转速 n=3.395r/min），进给量 f=0.18mm/r（进给速度 v_f=610mm/min），使用 0.6MPa 压力 30ml/h 流量的切削液（属于最小流量冷却技术 MQL）在钻完 1054 个孔后的磨损对比如图 2-115，可以看到 DC170 钻头的磨损要小很多。

图 2-112　DC170 钻头（图片来源：瓦尔特刀具）

图 2-114　DC170 钻头端面图
（图片来源：瓦尔特刀具）

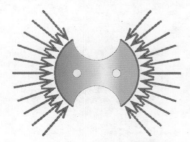

图 2-113　DC170 钻头的支撑作用
（图片来源：瓦尔特刀具）

a) DC170钻头磨损状态　　b) 传统结构钻头磨损状况

图 2-115　DC170 钻头与普通钻头磨损对比
（图片来源：瓦尔特刀具）

另外，DC170 钻头切向刃带的特殊设计带来更高的工艺可靠性：环形槽加快冷却液流动（图 2-116），同时减少了危险的缠屑风险。刃带设计新颖，可使切削液从四面八方连续冲洗钻头，冷却效果好，这样 DC170 钻头便能避免钻孔过程中生成的极高的切削热。

读者可以扫描图 2-117 的二维码，观看有关切向刃带钻头 DC170 钻头的有关视频，以更多地了解这种钻头。

- **无刃带**

一种无刃带钻头 VariDrill，如图 2-118 所示。这种无刃带钻头实际上是无明显刃带，将刃带平滑过渡到了刃背。这种无刃带设计使修光刃与孔壁的接触最小化，能有效避免振动，且不会产生过切。

还有一些钻头尤其是深孔钻，会采用前部多刃带加强钻孔的稳定性和钻孔的质量，后面完全去除刃带以减少钻头与孔壁的摩擦，如图 2-119 所示。

◆ 横刃转角处理

经平面修磨的横刃在原来的主切削刃与修磨形成的"内刃"有很多时候会呈一个尖角，这个尖角在切屑的作用下容易破损（尤其是对于整体硬质合金钻头而言）。因此，对于直线形内刃的整体硬质合金钻头，应该选择其内刃与主切削刃之间有一个过渡面的（图 2-120 中绿色箭头所指部位），这样可减少钻头破损。

图 2-116　DC170 钻头切削液流动图
（图片来源：瓦尔特刀具）

图 2-117　DC170 钻头的视频

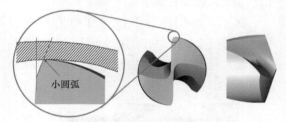

小圆弧

图 2-118　无刃带钻头
（图片来源：威迪亚）

图 2-119　前部四刃带后部无刃带钻头
（图片来源：肯纳金属）

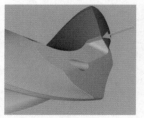

图 2-120　横刃转角处理

◆ 尾根棱处理

对于有些钻头的尾根棱部分，由于槽型设计的原因，原始的尾根棱会显得比较尖锐（图 2-121 中的红色圆圈内）。高速钢钻头采用这种结构没有什么问题，但对于整体硬质合金钻头，由于硬质合金材质相对比较脆，尖锐的尾根棱在切屑的作用下容易发生破损，因此需要对尾根棱进行一些处理。处理的原则是：一方面是在不能影响钻头强度的基础上扩大容屑空间，另一方面则是处理好钝化尾根棱的尖角。

第一种处理方法是将在尾根棱附近的槽型改变，使槽型不再按原先的方向延伸并相交于刃背，而是将槽型局部做点槽的扩张，如图 2-122a 所示。第二种则是在尾根棱处做倒角处理，如图 2-112b 所示。

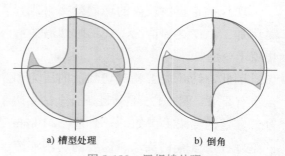

a) 槽型处理　　　　　　b) 倒角

图 2-122　尾根棱处理

▶ 2.1.5　冷却结构

■ 内冷却孔

表 2-6　孔深与孔径的比值 L/D
与钻头的冷却方式

L/D	冷却方式	冷却孔
$2\sim4$	外冷	无
>5	内冷	有

整体硬质合金钻头大部分都带有内冷却孔。钻头的切削液很大的作用是用于辅助排屑。因此，孔深较深的整体硬质合金钻头需要冷却孔。

推荐的必须要有冷却孔的钻头见表 2-6。最好使用内部切削液供应（图 2-123），以免切屑堵塞，并应在孔深度为 $3d_c$ 时使用。只有在短切屑材料钻削时可仅依靠外部切削液供应，并且可避免产生切屑瘤。如果外部切削液供应必须正确引导切削液喷嘴，如图 2-124 所示。

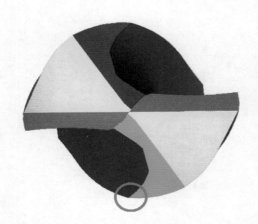

图 2-121　尾根棱尖角

现代都希望用较高的切削效率来进行钻削加工,在这种情况下加工时切屑的排出就十分重要。

因此,钻孔加工就对切削液的压力和流量有要求。图 2-125 是体硬质合金钻头切削液流量的要求。例如,一个直径 $\phi 10mm$ 的整体硬质合金钻头,所需要的切削液流量至少需要 6L/min。如果小于这个流量,就难以让切削液裹挟着切屑排出钻头的容屑槽。而在切削液压力方面(图 2-126),则如果是长径比为 3 倍的钻头,应有大约 0.5MPa 的切削液压力;如果是长径比为 5 倍的钻头,则应有大约 0.8MPa 的切削液压力。当然,这个切削液要求是针对湿切削的。

常规的内冷孔的尺寸相差并不大。一般而言,较大的内冷孔可以在同样时间里通过更多的冷却介质,有助于排屑,但大直径的内冷却孔对钻头强度的削弱也较多。因此,许多刃瓣较厚(沟背比较小)的钻头可选用稍大的冷却孔,因为此时即使对刃瓣的削弱稍还能保证钻头的强度;另一方面由于刃瓣厚了,容屑槽就比较小,排屑也需要更多的冷却介质。

为了既加大内冷却孔的面积(即增大冷却介质的可通过量),又使钻头的强度不受较大影响,常选择近似三边形的内冷却孔。

图 2-123 内部冷却方式(图片来源:山特维克可乐满)

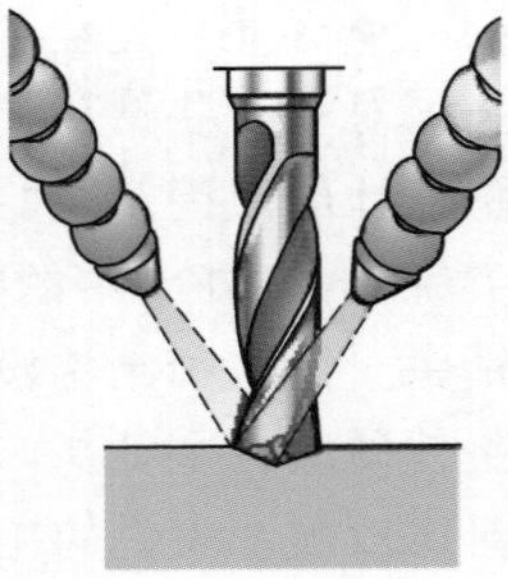

图 2-124 外部冷却方式(图片来源:山特维克可乐满)

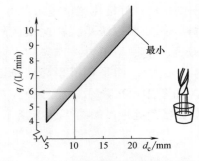

图 2-125 整体硬质合金钻头冷却流量（图片来源:山特维克可乐满）

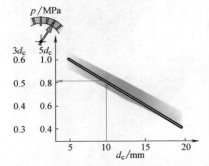

图 2-126 整体硬质合金钻头冷却压力要求（图片来源:山特维克可乐满）

图 2-127 是三菱 MQS（即前面提到的 6 刃带钻头）和钴领 RT100 Typ C 及 RT 100 Trigon 钻头的端面对比。其中，RT100 Typ C 与 MQS 相比，前者的沟背比较小，因此其内冷孔尺寸与 MQS 相比较大，以利于在较小的容屑槽中及时排出切屑。可能有读者要问，为什么 RT 100 Trigon 沟背比较大，它的内冷却孔却更大呢？

这是由于 RT 100 Trigon 主要用于最小流量冷却。在最小流量冷却的条件下。切削液用量极少，对于排屑几乎没有帮助，因此排屑主要依靠压缩空气来完成。由于压缩空气携带切屑的能力弱于切削液，因此需要更多的压缩空气才能保证排屑的正常进行。

图 2-128 是 MQS 钻头与原来钻头切削液流动对比，说明切削液的流向更合理。

图 2-129 是 RT 100 Trigon 的冷却效果图。图 2-129a 是常规钻头的切削液流量，而图 2-129b 则是 RT 100 Trigon 的切削液流量。可以看到代表高流量的红色区域，RT 100 Trigon 比常规钻头大了不少。由于 MQS 的切削液流量能较常规钻头多大约 1 倍，切屑的温度也表明切削区的温度有所降低，如图 2-130 所示。

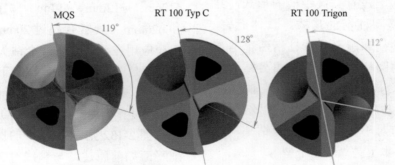

图 2-127　三种近三角形冷却孔的整体硬质合金钻头及其沟背比（图片来源：三菱材料、钴领）

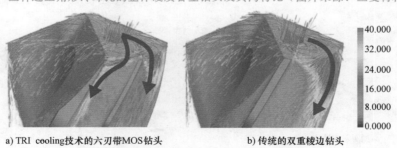

a) TRI cooling技术的六刃带MOS钻头　　　　　b) 传统的双重棱边钻头

图 2-128　MQS 冷却效果（图片来源：三菱材料）

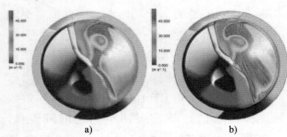

图 2-129　RT 100 Trigon 的冷却效果图
（图片来源：钻领）

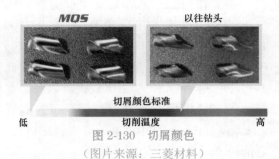

图 2-130　切屑颜色
（图片来源：三菱材料）

▶ 2.1.6　夹持结构

　　与传统的高速钢麻花钻或焊接硬质合金的麻花钻有所不同，整体硬质合金麻花钻的柄部基本上没有莫氏锥柄的形式，其基本形式都是圆柱柄的形式。具体而言，有完整的圆柱柄和削平的圆柱柄两个基本形式，削平的圆柱柄又按削平面与钻头轴线的相对位置，分为平行于钻头轴线的"削平型"及与轴线有 2°夹角的"斜削平型"两种，但对于整体硬质合金钻头，削平的圆柱柄基本上是"斜削平型"。

　　圆柱柄的结构也可分为两种：一种是如

图 2-131a 所示的所谓"直柄"，既柄部的基本尺寸与工作部分的基本尺寸一致；而另一种如同图 2-131b 所示的柄部基本尺寸在一个系列上，这个直径系列为 $\phi6mm$、$\phi8mm$、$\phi10mm$、$\phi12mm$、$\phi14mm$、$\phi16mm$、$\phi18mm$ 和 $\phi20mm$（虽然有超过 20mm 的直径，但很少应用在整体硬质合金钻头上）。通常来说，都是选大于或等于工作部分直径的基本尺寸，又最接近工作部分直径的基本尺寸的那个尺寸作为柄部直径的基本尺寸。

　　图 2-132 则是斜削平的圆柱柄，这种削平面如前所述，与轴线有 2°夹角。削平面可以在传递转矩中起到强制驱动的作用，

a) 柄刃基本尺寸一致

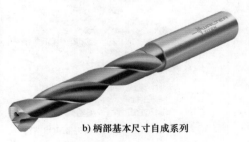

b) 柄部基本尺寸自成系列

图 2-131　圆柱柄的两种形式（图片来源：瓦尔特刀具）

图 2-132　斜削平的圆柱柄
（图片来源：瓦尔特刀具）

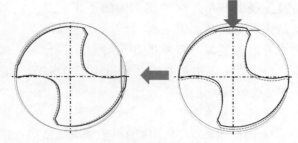

图 2-133　削平面位置的影响（图片来源：阿诺）

防止钻头的柄部与夹持的刀柄之间打滑，而斜角则可以防止钻头被拉出夹持孔。

对于削平型的刀柄，削平面的位置对刀具的使用会造成影响。图 2-133 是两种不同的削平面位置对钻头的影响。图左的红色钻头，压力面在两刃口的连线上，当钻头被压紧时钻头廓形在消除柄部与夹持孔间隙时微微左移，就会造成钻头直径的偏差和孔形的变化（中心偏移对孔形的影响会在钻头修磨部分介绍）；而图右的蓝紫色钻头，压力面与两刃口的连线垂直处，当钻头被压紧时钻头廓形微微下移，钻头的直径变化与红色的方式相比较小，因此对钻头钻出的孔的直径影响也会较小。当然，由于钻头（除直槽钻之外）存在螺旋角，刃磨之后刃口连线会发生改变，其与削平面的夹角也会发生变化，但据统计大部分钻头的刃磨次数都小于 3 次，大部分的刃磨会缩短约 2mm，因此这个夹角的变化并不算大，基本上与初始位置相差较小。

2.2　整体硬质合金钻头加工中的常见问题

2.2.1　整体硬质合金钻头使用注意事项

■ *不规则表面的钻入和钻出*

对于不规则的表面，如不平整的表面、与轴线不垂直的表面（倾斜的表面或圆弧表面）上钻入和钻出时，由于钻头的切削刃有可能只有一个主切削刃在进行切削，钻头上所受的径向切削力无法平衡，钻头易发生挠曲变形，这种切削力的不平衡易使钻头钻偏，从而发生外缘转点处磨损较大或者崩刃现象，严重的甚至导致钻头折断。在这类加工中重要的是遵循加工指南，并在必要时减小进给量。

■ 不平整表面

对于在如图 2-134 所示的不平整表面钻入时，建议是：必须将进给量减小至正常进给量的 1/4，以免刃口崩碎。

■ 对称的圆弧表面

如果圆弧面的半径大于 4 倍的钻头直径并且孔垂直于半径（圆弧面对于钻头轴线是对称的，见图 2-135），可以钻削凸面。当钻头进入时，应该将进给量减小至正常进给量的 1/2；如果圆弧面的半径大于 15 倍的钻头直径并且孔垂直于半径（圆弧面对于钻头轴线是对称的，见图 2-136），可以钻削凹面。当钻头进入时，应该将进给量减小至正常进给量的 1/3。

■ 倾斜面的钻入和钻出

在如图 2-137 所示的倾斜面钻入或钻出时，钻头可以以小于 5° 的角度进入倾斜工件进行间歇加工。此时，应该将钻头的进给量减小至正常进给量的约 1/3，直到整个钻头的直径全部切入（两个外缘转点都进入切削区域）。当钻头退出倾斜表面时采用相同的方法。

对于倾斜角度为 5°～10° 的工件表面，应该首先使用短钻头进行中心加工，让其加工角度与表面相同。

不建议直接用钻头在倾斜角度大于 10° 的工件表面钻削。需要在这样的表面上钻孔时，建议在开始钻削之前铣削一个小平面，如图 2-137c 所示。

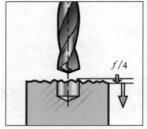

图 2-134　不平整表面钻入
（图片来源：山特维克可乐满）

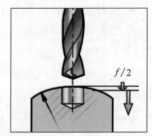

图 2-135　对称凸圆弧表面钻入
（图片来源：山特维克可乐满）

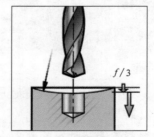

图 2-136　对称凹圆弧表面钻入
（图片来源：山特维克可乐满）

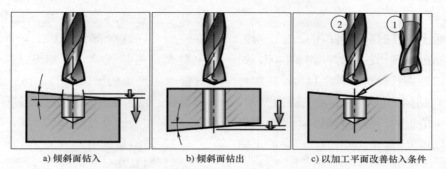

| a) 倾斜面钻入 | b) 倾斜面钻出 | c) 以加工平面改善钻入条件 |

图 2-137　倾斜面的钻入和钻出（图片来源：山特维克可乐满）

◆ 非对称圆弧面

对于非对称的圆弧面，可以以理论上钻头外缘转角与圆弧面的接触点圆弧面相切的切面来做一个判据。如果这个切面的倾斜度在 10° 以内，可以用刚才介绍的倾斜面的钻入钻出方法来进行钻削，如果超过 10°，不建议直接用钻头钻削（图 2-138）。如果需要在这样的表面上钻孔，还是建议在开始钻削之前铣削一个小平面。

■ **钻相交孔**

钻相交孔的第二个孔实际上相当于在圆弧面上既钻出，又接着钻入，这样的钻相交孔加工基本原则可参见"不规则表面的钻入和钻出"。

对于轴线相交的相交孔，如果两孔直径一致，当钻头进入和离开相交孔时，建议将钻削的进给量量小至正常进给量的 1/4。

当两个相交孔直径不一致时，建议先钻削直径较小的孔，后钻削直径较大的孔，这样，直径较大的钻头两个外缘转角能更多地处于径向切削力基本平衡的状态，加工安全性较好，但当直径较大的钻头钻尖进入相交孔时，还是建议将进给量减小至正常进给量的 1/4（图 2-139）。

图 2-138　一般非对称的圆弧面不宜直接钻削
（图片来源：山特维克可乐满）

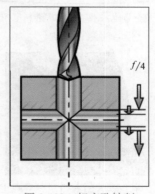

图 2-139　相交孔钻削
（图片来源：山特维克可乐满）

◆ 薄板钻孔

在薄板上钻孔时应在薄板的钻出面附近设置承受钻削轴向力的支撑（图2-140）。如果这个支撑距离孔较远（图2-141），钻削时薄板在轴向钻削力的作用下发生挠曲变形，当钻头钻穿薄板时，轴向力消失，薄板的挠曲变形得以恢复，这时钻出的孔口会冲击钻头的刃带，致使钻头的刃带崩刃（图2-142）。

2.2.2 整体硬质合金钻头常见失效分析

■ 主切削刃磨损严重

整体硬质合金钻头的主切削刃是承担

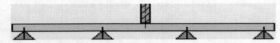

图 2-140　刚性较好的薄板钻削支撑方案
（图片来源：肯纳金属）

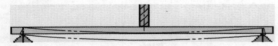

图 2-141　刚性较差的薄板钻削支撑方案
（图片来源：肯纳金属）

图 2-142　刚性较差的薄板钻削导致刃带崩刃
（图片来源：肯纳金属）

主要切削任务的部分。由于工件材料存在弹性变形，这一部分受加工表面的摩擦产生磨损是正常现象。但如果钻头在工作中过快产生严重的磨损（图2-143）就应该引起重视。发生这种现象的主要原因有：

1）切削速度过高。
2）进给量偏小。
3）刀具基体材料硬度较低。
4）冷却不好。

■ 主切削刃崩刃

钻头的主切削刃的缓慢磨损应该是正常现象，但如果出现崩刃（图2-144）则一定是不正常的现象。出现这种不正常现象的主要原因有：

图 2-143　主切削刃磨损严重
（图片来源：肯纳金属）

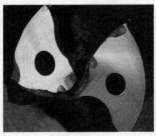

图 2-144　主切削刃崩刃（图片来源：肯纳金属）

1）切削用量选择错误。

2）超过最大磨损标准。

3）钻头选择错误。

4）夹具刚性不足。

5）刀具材料硬度过大。

■ **横刃崩刃**

横刃崩刃一般有以下原因：

1）刀柄夹持力不足。

2）进给量过大。

3）工件移动。

■ **切削刃出现积屑瘤**

积屑瘤是指在加工钢件尤其是中碳钢时，在近刀尖处的前面上出现的小块且硬度较高的金属粘附物。切屑在较大切削力的高压和剧烈摩擦产生的高温下，与刀具前面接触的那一部分切屑流动速度相对减慢而形成滞留。这些滞留的材料就会部分被粘附在刀具的前面上，从而形成了积屑瘤，如图2-145 所示。产生积屑瘤的主要原因有：

1）切削速度过低。

2）涂层表面不光滑。

3）在主切削刃处有过大的负倒棱。

4）切削过程中产生的热量不足

■ **外缘转点处磨损较大**

钻头在使用中常发生外缘转点处磨损较大的问题，如图2-146 所示。发生棱边尖角处磨损较大的原因主要有：

1）切削速度过高。

2）材料中含有较多的硬颗粒。

3）切削液不好。

4）刃磨不良（两条主切削刃不对称）。

5）钻偏。

■ **外缘转点处崩刃**

钻头外缘转点处除常发生磨损较大的问题外，崩刃也是常见问题之一（图2-147）。造成这种破损的主要原因是：

1）切入时工件发生移动。

2）夹具刚性不足。

3）刀具材料硬度过大。

4）切削液不足。

图 2-145　切削刃出现积屑瘤
（图片来源：肯纳金属）

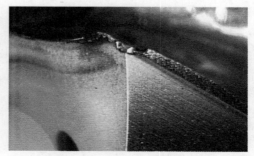

图 2-146　外缘转点处磨损较大
（图片来源：肯纳金属）

5) 刃磨不良（两条主切削刃不对称）。

6) 钻偏。

■ **钻头折断**

钻头使用时应尽量避免发生折断（图2-148）。发生折断的主要原因有：

1) 刀柄夹持力不足。

2) 工件移动。

3) 钻头选择错误。

4) 切削液不足。

5) 外冷却的供应方向错误。

6) 切削条件不合适。

7) 横刃磨损过多。

8) 排屑不顺畅造成堵塞。

■ **孔径偏小**

出现钻出的孔比钻头工作部分直径小的现象（图2-149），通常是由于：

1) 切削液不足。

2) 切削速度太高。

3) 进给量太小。

4) 切削刃直径错误。

5) 钻头磨损。

■ **孔径偏大**

钻孔中也时常会出现钻出的孔直径比钻头工作部分直径大的现象（图2-150），这通常是因为：

1) 切削速度偏低。

2) 进给量偏大。

3) 刀柄夹持力不足。

4) 横刃磨损。

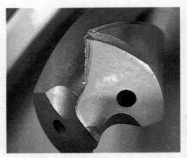

图 2-147　外缘转点处崩刃（图片来源：肯纳金属）

图 2-148　钻头折断（图片来源：伊斯卡）

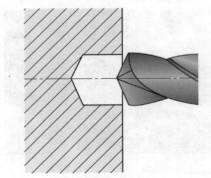

图 2-149　孔径偏小（图片来源：伊斯卡）

■ **被加工孔不直**

钻孔中还有时会出现被加工孔轴线不直的现象（图2-151），出现这种情况的主要原因是：

1）排屑不顺畅导致切屑堵塞。

2）刀柄夹持力不足。

3）工件硬度太高。

4）横刃磨损。

5）进给量过小。

6）钻头切削刃数量偏少。

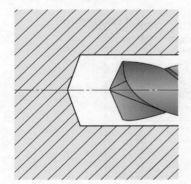

图 2-150　孔径偏大（图片来源：伊斯卡）

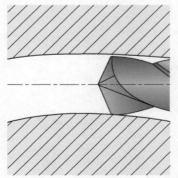

图 2-151　被加工孔不直（图片来源：伊斯卡）

■ **表面质量太粗糙**

钻孔中加工孔表面质量不佳，太粗糙（图2-152），常见的主要原因有：

1）刃口有积屑瘤。

2）排屑不顺畅导致切屑堵塞。

3）钻头径向圆跳动大。

4）刀柄精度不够。

■ **被加工孔不圆**

被加工孔不圆的主要原因是刃磨不良。关于这个问题将在本书的最后一部分钻头的修磨中加以介绍。

■ **孔口毛刺或崩碎**

铸铁钻孔的钻出端被加工孔口有毛刺或者崩碎（图2-153），主要是由于钻头的选择有些问题。本书前面在钻头顶角和刃口处理等部分已介绍，这里不再重复了。

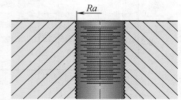

图 2-152　表面质量不佳（图片来源：伊斯卡）

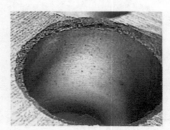

图 2-153　孔口崩碎（图片来源：肯纳金属）

▶ 2.2.3 切削力和功率特性

　　2 刃钻头以 100m/min 的切削速度，加工 SAE 4340 材料（近似于我国牌号 40CrNiMo）的工件，不同直径在不同进给量下的钻削进给力和钻削功率如图 2-154 和图 2-155 所示。如果加工条件有变化，曲线会有所不同。

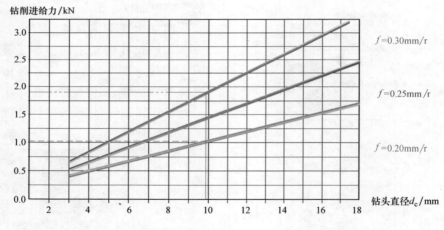

图 2-154　钻削进给力（图片来源：伊斯卡）

以直径ϕ10mm的钻头（图2-154中红色实线）为例，当采用100m/min的切削速度和0.2mm/r的进给量加工SAE 4340材料时，轴向的进给力（图中红色虚线）大致为1kN；若采用0.3mm/r的进给量，轴向进给力（图中红色双点画线）将增大至约1.9kN。对照两组数据，可知进给量增大50%，进给力增大了90%，进给力的增大比例超过进给量的增大比例。在采取用大进给量策略来提高加工效率时，除了要考虑钻头结构参数（尤其是近钻头中心处的工作后角）和钻头的承受力外，也要考虑工件、夹具等的承受力，在如图2-140和图2-141所示的薄板钻孔时，尤其要注意不要采用过大的进给量。

还以前面的这两组数据为例，进给量为0.2mm/r时的钻削进给净功率约为1kW，而进给量取0.3mm/r时，钻削进给净功率约为1.75kW。

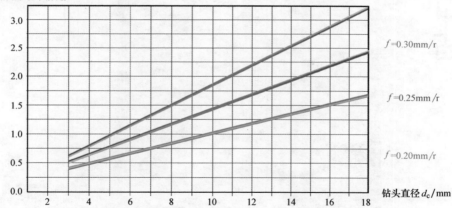

图2-155　钻削进给净功率（图片来源：伊斯卡）

冠齿钻就是在钻杆上"冠"上一个齿作为切削部分,即用类似于"戴帽子"的方法,将作为帽子的"齿冠"戴在钻杆的头上,组成一个完整的钻削工具。

冠齿钻的"齿冠"可以用于直径相同而长度不同以及柄部形式和尺寸不同的钻杆,而同一钻杆也可以安装不同材料、不同刃口几何结构的齿冠。从这点上看,冠齿钻可以说也是一种模块化的刀具。图 3-1 是某冠齿钻系统示意图,只要直径相符,不同的刀杆和齿冠均可组合。

冠齿钻按主要结构不同可以分为两类:刀片式和整头式。

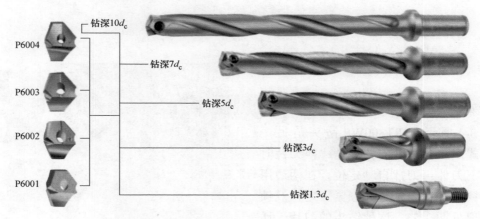

图 3-1　冠齿钻系统示意图（图片来源:瓦尔特刀具）

3.1　刀片式冠齿钻

刀片式冠齿钻的切削部分由一个刀片组成。下面通过一些相关实例来讲解。

■ 例 1

图 3-2 所示为一种以刀片作为齿冠的冠齿钻头 QTD。作为齿冠的钻刀片主要依靠刀体上的刀片槽来定位,再使用螺钉或其他方式来夹紧。

图 3-2　刀片式的冠齿钻（图片来源:玛帕）

■ 例 2

　　HT800WP 钻头（图 3-3）是较早问世的一种冠齿钻。HT800WP 钻头的"齿冠"刀片安装段有一个定位销，钻刀体的销孔有一小槽，当夹紧刀片时该小槽被压紧产生微量变形，使钻刀片的销能够起到很好的定位作用。

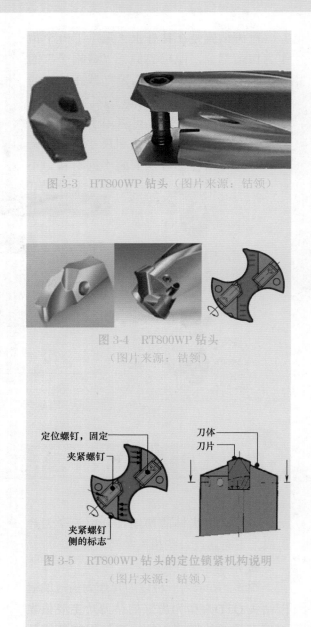

图 3-3　HT800WP 钻头（图片来源：钻领）

＊＊＊＊＊＊＊＊＊＊＊＊＊＊＊＊＊＊＊＊＊＊＊＊＊＊＊＊

■ 例 3

　　图 3-4 所示的 RT800WP 钻头是另一种刀片式冠齿钻。它的特点是：换刀片时不必拆下刀体；刀片自动定位，在两边用两个螺钉分别用于定位和锁紧（定位及锁紧的原理见图 3-5）。这种钻头的刀片无通孔（但两侧有定位和夹紧用的凹坑），刀片的安装端也无定位短销。刀片上有圆棱边，其孔的加工质量很好（IT9）。

　　图 3-5 所示为 RT800WP 钻头的定位锁紧机构说明。在这一结构中，应首先将没有夹紧螺钉标志的那一侧的定位螺钉拧到固定位置，然后再去有标志的那一侧锁紧那个夹紧螺钉。

图 3-4　RT800WP 钻头
（图片来源：钻领）

定位螺钉，固定
夹紧螺钉
刀体
刀片
夹紧螺钉侧的标志

图 3-5　RT800WP 钻头的定位锁紧机构说明
（图片来源：钻领）

■ 例4

图 3-6 所示为 UniDrill 钻。UniDrill 钻的夹紧定位机构与 HT800WP 钻头有些类似，HT800WP 钻是刀片凸起的销嵌入刀体内，UniDrill 钻则是反过来，刀片上的槽嵌入刀体上对应的凸起。

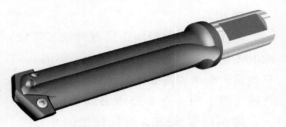

图 3-6　UniDrill 钻（图片来源：肯纳金属）

UniDrill 钻的另一特点是有一种以两种材料复合在一起的刀片，钻尖处的材料在切削时处于低切削速度，因此此处的材料韧性较强；而图 3-7 所示的材料在钻削时覆盖了切削速度较高的外缘转角部分，这里的材料要求耐磨性高。这一解决方案的思路与图 2-6 所示的刚骨蓝钻完全一样。

另外，UniDrill 钻还是一种既有高性能高速钢（HSS-E）的刀片，又有硬质合金的刀片；两种材料也都是既有涂层的，又有非涂层的。

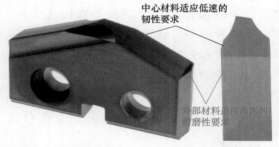

中心材料适应低速的韧性要求

外部材料适应高速的耐磨性要求

图 3-7　UniDrill 钻复合材质刀片
（图片来源：肯纳金属）

■ 例5

图 3-8 所示为一种刀片式冠齿钻 QTD。这种钻头的齿冠刀片与钻杆的轴向定位利用了刀片底部的 V 形，而锁紧则依靠中间的螺钉。

可以注意到，在图 3-8 下部的右边是两个 QTD 冠齿钻的端面。其中左边这个直径较小的钻头冷却孔是三角形的。在较小直径的钻刀体上通常用圆形切削液输送孔，这种在刀体上用三角形切削液输送孔，可参考图 2-127 和图 2-128 的相关介绍。

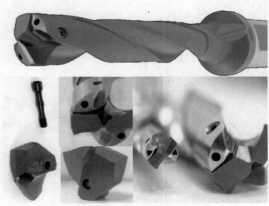

图 3-8　冠齿钻 QTD（图片来源：玛帕）

■ **例6**

图 3-9 所示为肯纳金属冠齿钻 KSEM，KSEM 钻头的冠齿（钻尖）由尾部的长螺杆锁紧，而冠齿钻尖则延续该 SE 钻尖的高性能（图 2-90 ～图 2-95 及其说明）。

图 3-10 是 KSEM 的几种冠齿（刀尖）的形式，与其他几种刀片式冠齿钻的齿冠不同，KESM 的齿冠的两个侧面并不是平的，它有一块凸起延伸到刀槽部分，这一延伸可以保护刀体的前部不致快速磨损。对于一般的刀片式冠齿钻，当切屑卷起时会在切屑和刀槽之间产生剧烈的摩擦，切屑对刀槽的压力大、摩擦大、温度高，容易造成这部分容屑槽快速磨损（因此很多设计加厚了齿冠）。KSEM 齿冠的这种凸

起，使得卷屑期间的摩擦主要发生在切屑与冠齿之间，对刀体起到了很好的保护作用，延长了刀体的使用寿命（图 3-11）。而这种不同的刃口处理与整体硬质合金钻头的原理相同（这部分内容请参见图 2-96 ～图 2-101）。

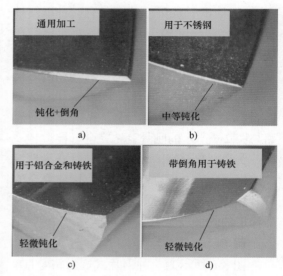

图 3-10 四种 KSEM 刀片刃口处理
（图片来源：肯纳金属）

图 3-9 冠齿钻 KSEM（图片来源：肯纳金属）

图 3-11 KSEM 卷屑（图片来源：肯纳金属）

■ 例 7

图 3-12 是 瓦 尔 特 刀 具 冠 齿 钻 Xtra•tec，其齿冠（钻尖）采用 V 形凸起在钻杆上定位，并用一个带销的螺钉锁紧。可以发现锁紧孔与刀片的表面是不垂直的（图 3-12 左上），这种倾斜布置一是使钻削时的切削力能够顺着螺钉的方向分解，二是使销孔和螺钉孔可以设置在钻体最强的部分，使钻刀体受销钉的影响最小。

图 3-13 是 Xtra•tec 钻头四种齿冠中的一种。可以看到这种齿冠的外缘转角处有一个倒角，沿主切削刃、倒角和副切削刃都有钝化。这种类型的刀片与图 3-10d 的槽型及图 2-101c 类似，都是为防止孔口毛刺或孔口崩碎而推荐的形式。

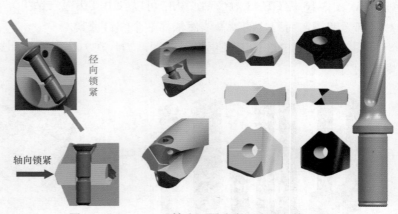

图 3-12 Xtra·tec 钻头（图片来源：瓦尔特刀具）

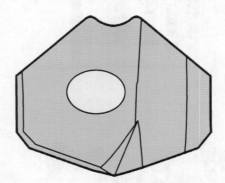

图 3-13 一种 Xtra·tec 钻头齿冠
（图片来源：瓦尔特刀具）

■ *例* 8

美国联合机械工程公司（AMEC）两大系列的刀片式冠齿钻：GEN2 和 GEN3。GEN2 与 UniDrill 钻比较类似，如图 3-14 所示，刀片如图 3-15 所示。

相对而言，GEN3 是一款与 KMES 有点类似的刀片形式，夹持方式又较多继承了 GEN2。图 3-16 是 GEN3 冠齿钻，从中可以看出其齿冠（钻尖）有一部分凸入螺旋槽同时刀片底部无凹槽，而刀片的锁紧依然依靠 2 个螺钉锁紧。

图 3-17 是 GEN3 的刀片更换示意图，刀片在刀体上安装和卸下时，不仅要拔起，还应略转动刀片。

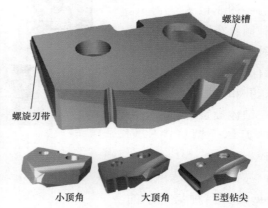

螺旋槽

螺旋刃带

小顶角　　　　大顶角　　　　E型钻尖

图 3-15　GEN2 齿冠钻（图片来源：AMEC）

图 3-14　GEN2 系列钻头（图片来源：AMEC）

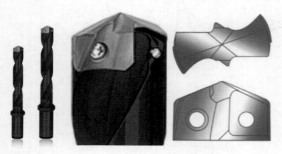

图 3-16　GEN3 齿冠钻（图片来源：AMEC）

图 3-17　GEN3 的刀片更换示意图
（图片来源：AMEC）

■ 例9

三菱材料有两种刀片式的冠齿钻 WSTAR。

图 3-18 是 TAW 冠齿钻，这种冠齿钻采用了独创的锯齿结构可实现很高的安装精度。这种冠齿钻刀体开了槽，当螺钉松开时刀片可以沿齿纹的方向插入，当螺钉锁紧时刀片两侧的刀体由于槽的存在而能够产生少量变形来夹紧刀片。

图 3-19 是另一种冠齿钻 S-TAW。外形粗看之下，S-TAW 冠齿钻与 TAW 冠齿钻相似，刀体上也有一个用于夹紧的缝隙，但它实际上是没有锯齿，其齿冠总体上并不平行，两段有凸起与刀体被削去的部分相配合，这点上有点类似于 KSEM 或 GEN3。但 S-TAW 的齿冠下有个与齿冠连为一体的圆柱定位销，安装时要将定位销插入刀体的销孔中，并且必须要确保接合标记对齐（图 3-20）。安装后要检查接合标记是否对齐，检查刀片的底面与刀柄槽底部有无间隙（要在确认刀片的底面与刀柄槽底部无间隙）后使用（图 3-21）。

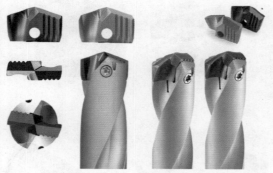

图 3-18　WSTAR 的 TAW 冠齿钻
（图片来源：三菱材料）

图 3-19　WSTAR 的 S-TAW 冠齿钻
（图片来源：三菱材料）

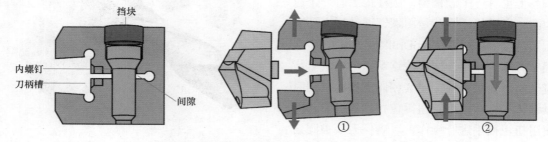

挡块

内螺钉

刀柄槽

间隙

①　　②

图 3-20　S-TAW 刀片安装过程图示（图片来源：三菱材料）

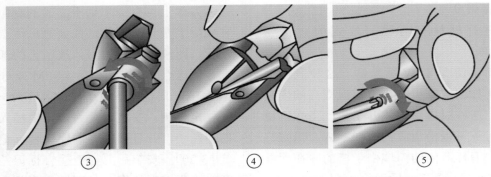

③ ④ ⑤

图 3-20　S-TAW 刀片安装过程图示（图片来源：三菱材料）（续）

冠齿钻 HT800WP、冠齿钻 TAW 和 S-TAW 由于刀体上设计有用于夹紧的缝隙，加工中切屑等异物或污垢可能嵌入缝隙，因此更换刀片时务必确认刀柄槽及槽底部的间隙没有异物或污垢。如果有异物或污垢时，需要先用气枪清除干净，然后再装入新的刀片。

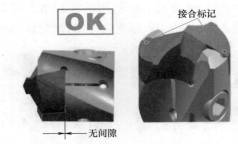

图 3-21　S-TAW 刀片安装检查
（图片来源：三菱材料）

■ 例 10

山特维克可乐满有一种刀片式的冠齿钻 CoroDrill870（图 3-22）。它的齿冠（刀头）上也有一个圆柱销，圆柱销上有一个压力面，齿冠的锁紧就是用螺钉通过压力面来压紧这个圆柱销。CoroDrill870 刀体的压紧螺钉旁标有扭矩，建议按这个扭矩来锁紧齿冠。向下轻按刀头，使其朝向支撑面，同时以钻体上标示的推荐扭矩值拧紧螺钉。最好使用扭矩扳手进行操作，以确保刀头被固定好。将螺钉拧松约 1.5 圈即可松开刀头。

图 3-22　CoroDrill870 冠齿钻
（图片来源：山特维克可乐满）

■ 例 11

戴杰刀片式冠齿钻 EZ 钻 TEZD 型（图 3-23）的刀片定位采用 V 形，这一点与 QTD 很像，但它并不像 QTD 那样用一个螺钉锁紧，而是采用了类似 GEN3 的结构，用两个螺钉来锁紧（图 3-24）。需要说明的是，从图 3-24 左上可看到的刀片上有一条呈小角度折线的沟槽，这条沟槽并不是用于定位夹紧的，而是用于输送切削液的。这个刀片上两面的半圆形沟槽和钻体的内冷孔结合为一体，可输送切削液来充分冷却钻尖，同时帮助排出切屑用。

图 3-23　EZ 钻 TEZD 型（图片来源：黛杰）

图 3-24　EZ 钻 TEZD 型刀片的安装
（图片来源：黛杰）

■ 例 12

还有一种类似的平底冠齿钻头（图 3-25），用于倾斜面不通孔及沉头孔的加工等（图 3-26）。它有圆弧形的切削刃，切削较轻快。另外，它的钻体是专用的，不与一般冠齿钻 TEZD 通用。

图 3-25　EZ 钻 TLZD 型（图片来源：黛杰）

| 倾斜面不通孔加工 | 沉头孔加工 | 倒角后沉头孔加工 | 薄板加工 | 相交孔加工 | 孔矫正加工 |

图 3-26　EZ 钻 TLZD 型适用范围（图片来源：黛杰）

■ 例 13

泰珂洛 DrillForce-Meister 则是一种定位面不对称的刀片式冠齿钻，如图 3-27 所示。DrillForce-Meister 的刀片如图 3-28 所示，两个刀片与刀杆的定位面具有不同的角度。它可通过刀片下方的通槽迅速地装上以及卸下，无须先卸下刀片夹紧螺钉。需要螺钉在夹紧前对刀片施加定位的力以使刀片准确定位，因此夹紧孔的直径与通槽的宽度并不一致。定位力的方向大致指向刀片底部两个定位面的相交部分。图 3-29 是 DrillForce-Meister 钻头的夹紧过程示意图，刀片的通过通槽插入，V 形的一个面先与刀杆的定位槽相应的面接触，通过螺钉与下侧弧面的接触，使刀片与刀杆的两个定位面都很好地接触。安装后的刀杆刀片的位置如图 3-30 所示。刀片槽中缝隙的作用与 TAW 的相似。

图 3-27　DrillForce-Meister 钻头
（图片来源：泰珂洛）

图 3-28　DrillForce-Meister 的刀片
（图片来源：泰珂洛）

图 3-29　DrillForce-Meister 钻头安装
（图片来源：泰珂洛）

图 3-30　DrillForce-Meister 钻头的夹紧示意图
（图片来源：泰珂洛）

3.2 整头式冠齿钻

整头式冠齿钻的切削部分由一个完整的刀头组成。

■ 例 1

图 3-31 是较早出现的一种整头式冠齿钻——伊斯卡的变色龙钻头（CHAMDRILL）。这种钻头的齿冠（刀头）下面有一个燕尾形的楔块，需要通过一个专用扳手安装或卸下齿冠，如图 3-32 所示。冠齿钻的齿冠一般不修磨，因此使用时无须因更换齿冠而调整刀长。

小柄径变色龙钻

图 3-31　变色龙钻头（图片来源：伊斯卡）

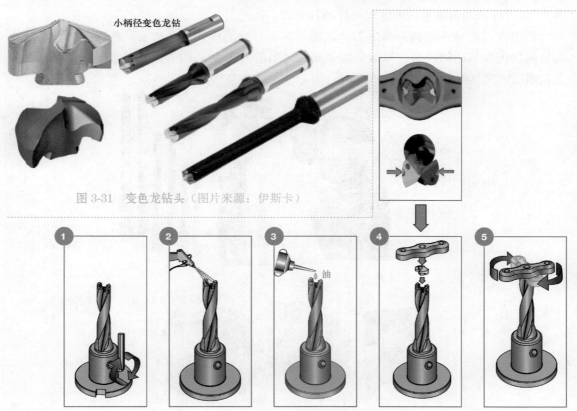

油

图 3-32　变色龙钻安装步骤（图片来源：伊斯卡）

■ 例 2

　　肯纳金属的 KenTip 也是一种整头式冠齿钻。图 3-33 是 KenTip 钻头及头部结构，其中左部是其结合部分的结构示意图。其中部的齿冠（头部）和刀体都有一个用红粗实线勾勒的部分，这一部分就是齿冠与刀体的结合部分：齿冠上凸起的楔块在扭力的带动下楔入刀体的凹槽中，使齿冠和刀体结合。齿冠的中心有一个定位圆柱，相当于一个圆柱销，这一圆柱销在齿冠安装时插入到刀体中心的销孔中。由于楔块形状的约束，KenTip 钻头无须设置 KSEM 那样的后部锁紧机构，也可以保证在退刀过程中齿冠与刀体不会发生分离。

　　KenTip 钻头的齿冠装卸时无须使用螺钉螺杆，但需要一个专用的扳手（图 3-34 左），扳手内部有两个呈"八"字形的铁片，以铁片卡住锁紧用槽口（图 3-34 中及右红色箭头所指），顺时针拧动为锁紧，而逆时针拧动则为卸下齿冠。

　　需要注意的是在把齿冠装上刀体之前，需要仔细清理刀体上的驱动槽，不能让切屑或其他污物留在驱动槽表面，以保证齿冠安装之后的两个 V 形的表面能够很好地贴合（一般建议用压缩空气吹干净，图 3-35）。

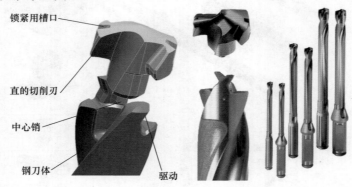

锁紧用槽口

直的切削刃

中心销

钢刀体　　　　驱动

图 3-33　KenTip 冠齿钻（图片来源：肯纳金属）

图 3-34　KenTip 扳手及冠齿钻槽口（图片来源：肯纳金属）

这类冠齿钻的另一个好处是可以选用不同悬伸量的钻杆和不同材料、不同涂层和不同几何参数的齿冠来组成多样化的钻头。图 3-36 是几种不同形式的 KenTip 齿冠，有些适用于加工钢件，有些适用于加工铸铁工件或者铝合金等有色金属材料。通过更换齿冠，更容易组合出适合加工条件的钻头，以保证更好地完成加工任务。

■ **例 3**

束魔变色龙钻头 SUMOCHAM 是另一种整头式冠齿钻，如图 3-37 所示。这种冠齿钻的齿冠装卸方式与 KenTip 有些相似，但两者的锁紧方式却不一样。在束魔变色龙钻头下方较大的圆柱下侧有一个沿圆弧设置的梯形（见图 3-37 中红圈，细节参见左侧上方的放大图），刀体的圆柱孔的相应位置上则设置了凹槽。这种方式也称"燕尾槽锁紧"方式，用于轴向锁紧。因为这个结构的"燕尾槽锁紧"没有比较尖锐的角度，因此应力集中的现象就不太明显。

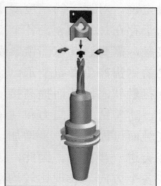

图 3-35　KenTip 冠齿钻安装步骤（图片来源：肯纳金属）

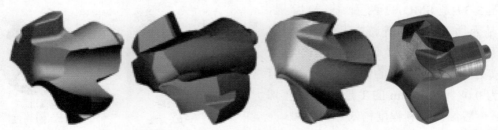

图 3-36　几种不同的 KenTip 齿冠（图片来源：肯纳金属）

目前的束魔变色龙钻头 SUMOCHAM 长径比最大为 12 倍，但在用 12 倍长径比的束魔变色龙钻头钻孔时，建议先用这一系列中最短的（即 1.5 倍长径比的束魔变色龙）钻出预钻孔，然后再用 12 倍长径比的束魔变色龙钻头钻。也可以用其他刚性好的钻头来加工预钻孔，例如中心钻等。

■ 例 4

住友电工有一种整头式冠齿钻 SMD 钻头，如图 3-38 所示。

SMD 钻头的齿冠（头部）与刀体采用放射状的锯齿连接。这种连接方式属于典型的过定位。对加工的精度要求较高。理论上由于存在加工误差，各个锯齿不可能同时接触，需要通过前部锁紧螺钉施力使先接触的锯齿产生微量变形，让更多的锯齿进入接触状态，从而提高接触刚性。当钻削时，随着钻削轴向力和钻削转矩的作用，接触面可能会进一步增加，接触刚性也可能会进一步提高。因此，这种结构的刚性在各个方向上表现比较均衡，在结合面加工质量好时锁紧比较可靠。

图 3-39 是 SMD 的两种基本齿冠，MTL 是为加工钢件和普通加工设计的（也用于铸铁的高效加工），四平面的十字修磨使得横刃长度很小（定心性能很好），它有宽度为 0.08 ～ 0.13mm 的 T 形负倒棱（切削刃强度较高而锋利程度稍低）和 0.003 ～ 0.004/100 的倒锥（倒锥较小，即副偏角较

图 3-37　束魔变色龙钻头
（图片来源：伊斯卡）

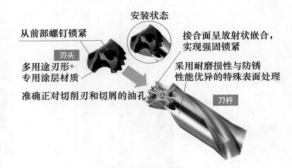

图 3-38　SMD 钻头（图片来源：住友电工）

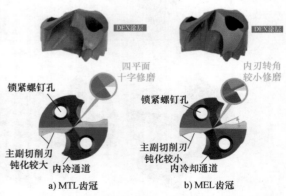

a) MTL齿冠　　　　b) MEL齿冠

图 3-39　SMD 钻头两种齿冠（图片来源：住友电工）

小，摩擦较大，但可刃磨次数较多）；为更好地在不锈钢和高温合金材料上进行钻削（也用于铸铁材料的高质量钻孔），有较锋利的切削刃和 0.01/100 的倒锥。

■ **例 5**

玛帕刀具的冠齿钻 TTS 也采用了放射形的锯齿结构（图 3-40），这点与 SMD 有些相似（因此锯齿定位问题此处不再复述），但 TTS 未采用从齿冠顶部留出螺孔并用螺钉锁紧的方式，TTS 的齿冠连着一个拉杆，拉杆上有一个倾斜的槽，刀体上的倾斜螺钉通过压在槽的斜面产生轴向分力，从而将齿冠与刀体轴向贴合（图 3-41）。由于 TTS 的齿冠无须设置锁紧螺孔的位置，其内冷却孔的位置安排比起 SMD 要更理想一些。

TTS 冠齿钻的齿冠（刀头）装卸如图 3-42 所示。

图 3-40　TTS 钻头（图片来源：玛帕刀具）

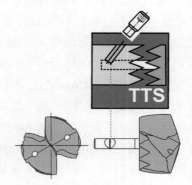

图 3-41　TTS 锁紧结构
（图片来源：玛帕刀具）

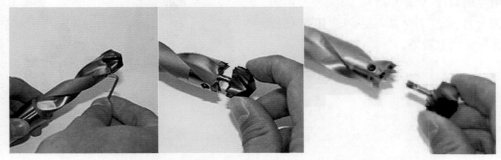

图 3-42　TTS 齿冠的装卸（图片来源：玛帕刀具）

■ 例 6

山高刀具的第一代的皇冠钻（CrownLoc）是整头式的冠齿钻，如图 3-43 所示。这种冠齿钻的齿冠（头部）与刀体的连接采用了两组呈直角分布的锯齿形。这种两个方向的锯齿能将各个方向的受力分解到这两个方向，然后这两组锯齿来加以承受。它在定位和受力方面，与 SMD 及 TTS 虽有些区别，但原理基本类似。

CrownLoc 齿冠采用了从刀杆后部装入螺钉并用螺纹将齿冠向后拉紧的装夹方式，这种装夹方式与刀片式冠齿钻 KSEM 类似。

后来又出现了第二代皇冠钻（CrownLoc Plus）。第二代皇冠钻 CrownLoc Plus 无论从齿冠的定位还是从锁紧方面，都采用了与第一代皇冠钻截然不同的方式和结构。

图 3-43　第一代皇冠钻头（图片来源：山高刀具）

第二代皇冠钻（CrownLoc Plus）的连接结构如图 3-44 所示。图 3-44 中红线勾勒的是齿冠（刀头）的定位要素，蓝线勾勒的是刀体上与齿冠相对应的定位要素。通过拧动专用扳手（图 3-45），刀头和刀体的这一部分能定位、夹紧，并防止工作过程中齿冠在钻头上脱落。

图 3-44　第二代皇冠钻头（图片来源：山高刀具）

第二代皇冠钻加工钢件用的齿冠如图 3-46 所示。从图上看，这样一个齿冠的轴向视图与整体硬质合金钻头的轴向视图极其相似。冠齿钻与整体硬质合金钻头的钻削性能相差不大，两者的区别将在下一章"可转位钻头"的总结部分讲解。

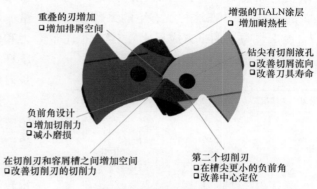

重叠的刃增加
□增加排屑空间

增强的TiALN涂层
□ 增加耐热性

钻尖有切削液孔
□改善切屑流向
□改善刀具寿命

负前角设计
□增加切削力
□减小磨损

第二个切削刃
□在槽尖更小的负前角
□改善中心定位

在切削刃和容屑槽之间增加空间
□改善切削刃的切削力

图 3-45　第二代皇冠钻头的装卸
（图片来源：山高刀具）

图 3-46　第二代皇冠齿冠
（图片来源：山高刀具）

3.3　冠齿钻的使用

由于冠齿钻切削部分与整体硬质合金钻头几乎没有区别，因此冠齿钻的使用与整体硬质合金钻头大体上是一致的，使用注意事项可参考本书 2.2.1 "整体硬质合金钻头使用注意事项"来学习冠齿钻。但是，冠齿钻有两个比较特殊的问题，要在这里介绍下。

3.3.1　较长冠齿钻的使用

冠齿钻与整体硬质合金钻头较大的差别之一是其刀体主要是钢制刀体。由于钢制刀体的材料力学特性，如钢的弹性模量仅硬质合金的约 1/3，钢刀体比硬质合金更容易变形。因此，在钻削开始阶段，钢刀体较易发生压杆失稳现象。

图 3-47 是压杆失稳的简图。图中一端固定、一端铰支的状况就是普通钻头钻孔时的受力状态（图中淡红底色，固定端为钻头的夹持端）。在这种状态下的系数 μ 为 0.7（变形量与 μ 的平方成反比）。当长径比特别大时，压杆失稳会使钻头折断。

拉杆端约束情况	两端固定	一端固定一端铰支
挠度曲线形状	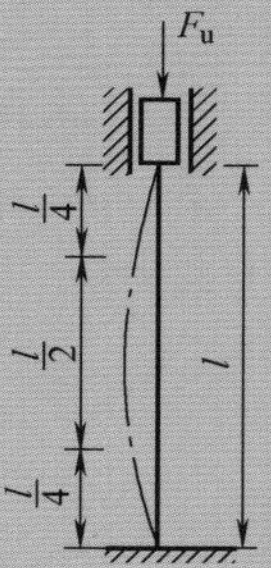	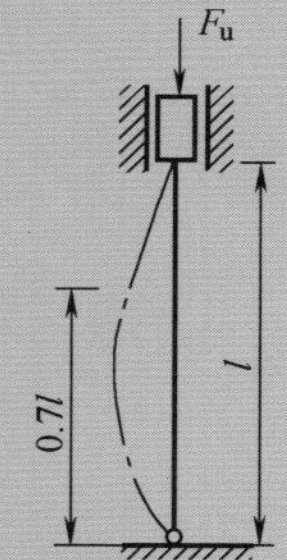
μ	0.5	0.7

图 3-47　压杆失稳简图（图片来源：网络）

因此，这类较长钻头也许需要在需要钻孔的位置加工“引导孔”（也叫“预钻孔”），让冠齿钻在开始钻削时先将钻头头部伸入引导孔，这样在开始钻孔时钻头的状态就由一端固定、一端铰支转化为两端固定（图中淡蓝底色，一个固定端为钻头的夹持端，另一固定端为引导孔）。在这种状态下的系数 μ 为 0.5，变形将缩小到一端固定、一端铰支状态的 50%。

对于稍长的冠齿钻，也许可以不专门加工引导孔，但为了减少压杆失稳的风险，常常在刚开始钻入时降低切削速度和进给量，这样就降低了钻入过程中的横向干扰力和轴向压力，避免在加工的过程中出现压杆失稳现象，以保证加工孔的质量并延长刀具寿命。

图 3-48 是冠齿钻钻入阶段的加工建议。图中对 $>5d_c$ 和 $>7d_c$ 的冠齿钻分别提出了建议：对于 $>5d_c$ 的冠齿钻，不需要专门加工引导孔，只需要在钻入的 d_c 深度以下时将转速降低 20%，将进给量降低 50%，之后便可以用正常的切削参数进行钻削；对于 $>7d_c$ 的冠齿钻，建议是先加工一个 d_c 深度的引导孔，然后以很低的转速（推荐的值是不大于 500r/min）进入引导孔，接近引导孔孔底时用转速降低 20% 和进给量降低 50% 的切削参数往下钻 $0.5d_c \sim 1.5d_c$ 深度，之后便可以用正常的切削参数进行钻削。而对于更短的冠齿钻（如 $2d_c$ 和 $3d_c$），则无须采取这样的措施。

3.3.2 重磨

有些冠齿钻可以重磨，但重磨存在很多问题。

首先冠齿钻的一大优点是，换刀不用更改刀长，加工质量容易得到保证，但如

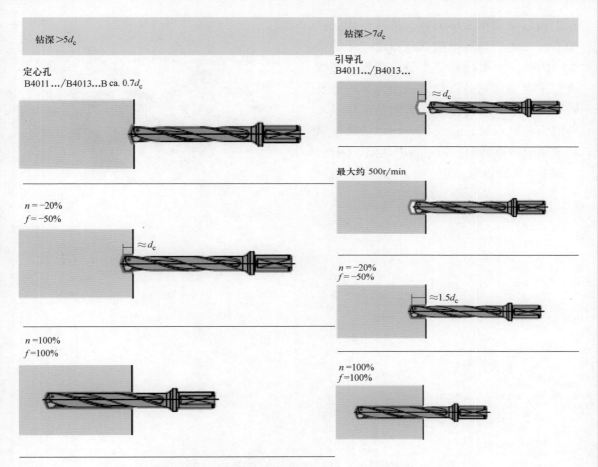

图 3-48　冠齿钻钻入阶段建议（图片来源：瓦尔特刀具）

果对冠齿钻的后面进行了重磨，一定会引起刀长减小，需要重新测量并输入刀长，这会给生产的稳定性带来影响，也会增加换刀时间，从而增加工时成本。

　　冠齿钻与刀杆结合的部分，是一定不能修磨的（图3-49）。一旦重磨碰到刀片和

刀杆的定位面或结合面，极有可能影响刀片的定位安装。另外，齿冠修磨后可能会改变齿冠凸出在刀体之外的基本设置（一般未经修磨的新刀，齿冠会凸出刀体之外少许），重磨后刀体可能凸出齿冠，这可能会影响排屑，也可能造成刀体直接与工件

发生剧烈摩而擦损坏刀体，齿冠可能无法
卸下，刀体和齿冠可能双双报废，得不偿
失。因此，如果确有必要重磨齿冠，必须
检查重磨后齿冠是否依然凸出刀体，必要
时也要对刀体进行修整，去除凸在齿冠之
外的刀体以保证正常使用——但这会给以
后使用未经重磨的新齿冠带来风险。因此，
一般不要重磨齿冠。

图 3-49　不建议修磨（图片来源：伊斯卡）

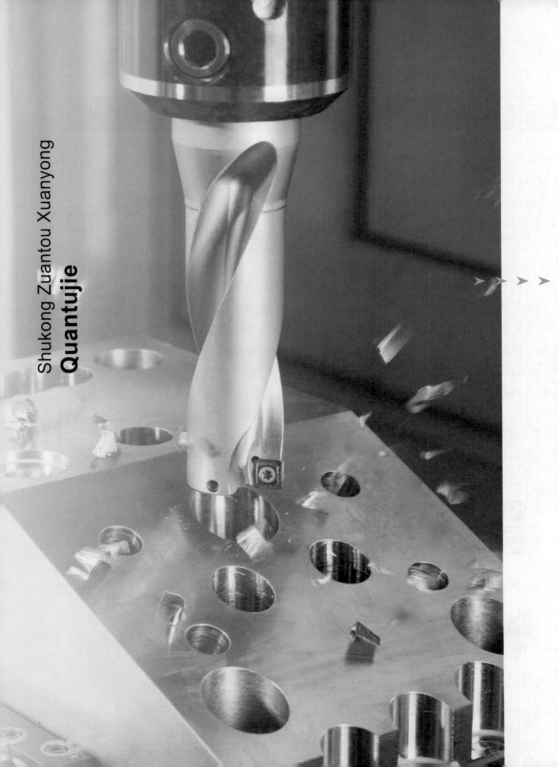

4

可转位钻头

4.1 可转位钻头特点

可转位钻头是指使用可转位的刀片的钻头。这种钻头的钻孔部分一般由两个（组）刀片组成，如图4-1所示。由于大部分可转位钻头的径向切削力不平衡（下面会多处介绍到），在钻削过程中容易逐渐钻偏，因此多用于比较浅的孔的钻削，许多地方称其为"浅孔钻"。由于最早向中国用户介绍的此类钻头是一种被命名为"U钻"的可转位钻头，因此很多人沿用了这种名称，将可转位钻头都称为"U钻"。

承担切削任务的两个（组）可转位刀片，其中一片（组）比较接近钻头的中心，称为内刀片或中心刀片（图4-1中棕色的刀片）；另一片（组）比较接近钻头外圆，称

图4-1 两个刀片的可转位钻头
（图片来源：山特维克可乐满）

为外刀片或周边刀片（图4-1中灰色的刀片）。图4-2则是由内外两组刀片（每组各两个刀片）组成的可转位钻头。一般，较小直径的可转位钻头由两个刀片分别担任内刀片与外刀片，而较大直径的则可能由两组刀片分别担任内刀片和外刀片。

图4-3是带有中间刀片的可转位钻头。图4-1所示的两个刀片的可转位钻头是

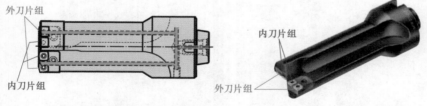

图4-2 两组刀片的可转位钻头（图片来源：瓦尔特刀具）

图4-3 带有中间刀片的可转位钻头（图片来源：山特维克可乐满）

最常见的。这两个刀片通过一周旋转，构成完整的切削刃。图 4-4 是两个刀片在一周的旋转中构成完整切削刃的示意图。图中颜色较深的表示实际刀片，颜色较浅的则表示旋转 180°后到对面位置的影像。两个刀片在直径方向上必须有一定量的搭接：外刀片与内刀片之间需要有内外刀片搭接量，内刀片需要过钻头的中心，这个过心量的一倍就是中心搭接量。

对于搭接量的多少，并没有一定的要求，但必须要有。当使用相同尺寸刀片时，搭接量大的钻头的直径就比较小；而搭接量比较小时，就可以获得较大的钻头直径。另外，浅孔钻一般无论在工件旋转的条件下（典型应用为数控车床），还是在刀具旋转的条件下（典型应用为加工中心），都可以加工与钻头名义尺寸不同的孔，这种加工的实现，也与这种刀片的中心搭接量有关。至于这种钻孔如何实现，会在本章 4.2.1 节的"可转位钻头的径向尺寸调节"中介绍。

▶ 4.1.1 可转位钻头刀体

由于典型的可转位钻头存在内外两个刀片，由此产生了很多与众不同的特点。

■ 切削力的平衡

由于内外刀片存在切削速度的差异（图 4-5）：内刀片的外端切削速度约为外刀片的外端切削速度的 50%，因此，如果内外刀片采用相同的几何角度，由于切削速度不一致就会导致内外刀片径向切削力不一致，从而使作用在钻头刀体上的径向合力不为零，导致钻头在这个合力的作用下产生挠曲，钻出的孔的轴线会偏离预定的孔的轴线。

因此，可转位钻头的内外两个刀片的刃口通常不被安排在同一条直线上，两者之间会有一个夹角 β（图 4-6）。但这个夹角的大小并无统一的标准，它不仅与钻头的直径有关，还与刀片的形状、钻刀片的其他角度有关。

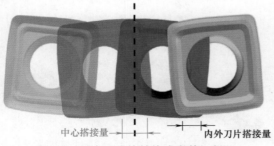

中心搭接量 ←→ 内外刀片搭接量

图 4-4 两个刀片旋转构成完整切削刃

（图片来源：三菱材料）

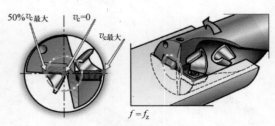

$50\% v_{c最大}$ $v_c=0$ $v_{c最大}$

$f = f_z$

图 4-5 可转位钻头的速度差异

（图片来源：山特维克可乐满）

图 4-7 是一种浅孔钻的头部典型形态。图上可看到一系列尺寸，如在轴向上，通常是内刀片更为凸出（图中凸出量标为 h），只是为了钻头在钻入时能更好地定心；内刀片通常低于中心（图中内刀片低于钻头中心为 h_2）。这是由于合成切削速度的影响，钻头离中心越近，合成切削速度将使刀片实际后角大幅度减小，因此在制造钻头时需要这一偏心量来使钻刀片的后角增加（相当于车刀低于工件回转中心，可参见《数控车刀选用全图解》图 3-145），这样在接近钻头中心的部分工作时实际后角不至于负得太多；同理外刀片一般高于钻头中心 h_1，这样外刀片

的外缘处工作前角会增大，更符合外刀片的切削条件，但这样在实施径向尺寸调节的钻削时，调节的尺寸与孔径的变化不完全一致（因此也有外刀片不高于钻头中心的设计）；另外内刀片还常偏转一个 Ψ 角，这也是为了使内刀片上能有更大的径向力。

■ **排屑与刚性**

◆ **槽型**

影响可转位钻头排屑能力的因素，一个方面是钻刀体的槽型。常见的容屑槽形式，有平行于轴线的直槽、不平行于轴线的直槽（斜槽）、头部螺旋的直槽、螺旋槽等几种，如图 4-8 和图 4-9 所示。

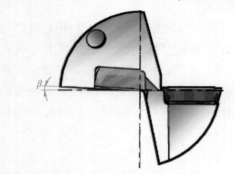

图 4-6 钻头的刃口布置
（图片来源：山特维克可乐满）

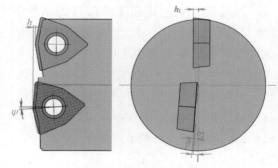

图 4-7 可转位钻头的头部典型形态
（图片来源：无锡方寸）

图 4-8 直槽和斜槽的可转位钻头
（图片源自网络）

图 4-9 带螺旋头的直槽和螺旋槽的可转位钻头
（图片来源：瓦尔特刀具和山特维克可乐满）

可转位钻头的槽型与钻头的断屑及排屑能力有很大关系。如果可转位钻头的断屑能力不够，加工中很容易造成类似图4-10的状况，如果再遇上容屑槽的容屑能力不够，切屑在容屑槽里严重堵塞，将造成钻头头部无法转动，钻头就会迅速被拧断（图4-11）。

从断屑和排屑能力而言，螺旋槽的钻头会比较好，但螺旋槽的可转位钻头内冷却孔安排会有些问题。有些可转位钻头的内冷却孔安排在钻头的轴线上（图4-12），这对本来强度就相对较弱的钻芯会有较明显的削弱；有些能安排在刃瓣上，但在螺旋的刃瓣上制造螺旋的内冷却孔工艺比较复杂（不像整体硬质合金的钻头，其内冷却孔是材料毛坯上本来就有的），通常成本会比较高。另外螺旋的内冷却孔切削液的沿程压力损失比较大，排屑时切屑的排出也需要更长的路程，通常会需要更高的冷却压力。螺旋槽的螺旋结构就像一个加了预应力的工字钢，刚性也非常好。

直槽和斜槽的可转位钻头在钻头制造加工时比较简单，内冷却孔也是直线的，切削液的沿程压力损失小，排屑路程也短（尤其是直槽），因此其需要的切削液压力也会比较小。但直槽和斜槽的刀体抗扭刚性较差，卷屑断屑也不是太好。

头部带有螺旋的直槽在卷屑断屑方面

图4-10　钻头断屑不佳
（图片来源：华东理工大学）

图4-11　可转位钻头拧断
（图片来源：华东理工大学）

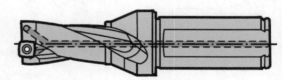

图4-12　螺旋槽钻头内冷却孔
（图片来源：瓦尔特刀具）

图4-13　直槽钻头内冷却孔（图片来源：无锡方寸）

较直槽和斜槽有所改进，内冷却孔可采取后部直孔与前部斜孔的结合或直通的内冷却孔（图4-13）。但这种结构的刚性还是与直槽钻头基本一样，并不会像螺旋槽的那样有更高的刚性。

◆ 容屑槽深度

关于容屑槽的第二个方面是内外刀片所在容屑槽的深度。虽然从安装刀片的位置来看外刀片所需的容屑槽不需要很深，但实际上如果内外刀片分别只有一个，外刀片所在的排屑量可能是内刀片所在容屑槽排屑量的3倍，排屑压力大很多。为了切屑能够顺利排出，还是需要外刀片所在的容屑槽比刀片深度更大一些（图4-14）。

对于可转位钻头，常常能看到内刀片所在的容屑槽只是在刀片槽附近才比较深，其余部分都比较浅（图4-15），这种安排既能满足刀片槽的需要，又能满足内刀片排屑的需要，还能保证钻刀体有更大的钻芯以保证更高的刚性。

◆ 内外刀片的卷屑情况

可转位钻头内外刀片的卷屑有很大的不同，如图4-16所示：内刀片的切削可以看作是一个直径为钻头基本尺寸一半、顶角大约为180°的一支较小的钻头，以较低的切削速度（约为外刀片外缘切削速度的50%，图4-5）钻孔，其切屑与整体硬质合金钻头比较相似（图2-79）。

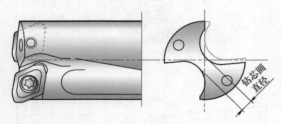

图 4-14　斜槽钻头容屑槽（图片来源：三菱材料）

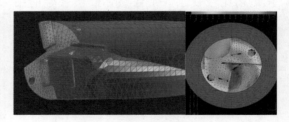

图 4-15　钻头容屑槽（图片来源：高迈特）

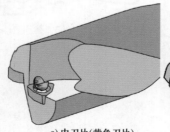

a) 内刀片(黄色刀片)

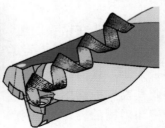

b) 外刀片(紫色刀片)

图 4-16　可转位钻头的卷屑（图片来源：华东理工大学）

但外刀片所形成的切屑则不同。外刀片的外缘切削速度为通常计算的切削速度，而内缘切削速度约为外缘的 1/2 而不是为 0，因此外刀片的切屑虽然也存在横向卷曲，但横向卷曲不如内刀片或整体硬质合金钻头那么强烈，其切屑的断裂也变得相对不那么容易。外刀片的切屑常常会呈现如同图 2-80b 所示。因此，从图 4-7 所示的外刀片增大实际前角的方面考虑，在某种程度上，也是考虑了卷屑断屑的需要（当然除了改变刀片槽的位置，制造者也可能用改变刀片槽轴向或径向前角来改变刀片的实际前角，虽然这种方式可能会对刀片与刀片槽的接触产生不利的影响）。

可转位钻头的内外刀片切屑形态如图 4-17 所示，右图上方为外刀片，下方为内刀片。切屑堵塞都会造成如图 4-11 所示的钻刀杆断裂，这样的切屑是不可接受的。

■ **长径比**

可转位钻头的长径比对钻头的刚性有很大的影响。

图 4-18 是瓦尔特刀具的三种不同长径比的浅孔钻的加工视频。可以看到，2 倍长径比的 B3212 钻头使用的切削速度为 200m/min，进给速度为 304mm/min；3 倍长径比的 B3213 钻头切削速度降为 180m/min，进给速度降为 246mm/min（转速、进给量双双下降的作用）；而 4 倍长径比的 B3214 钻头，切削速度进一步下降到了 140m/min，进给速度下降到 150mm/min，也就是说加工效率降低到 2 倍长径比的 50%，从视频中可以发现其切削时的振动声音比较大。这说明长径比较大的钻头刚性比长径比小的钻头要弱，如果批量生产的加工只需要较小的长径比能完成，就不要去选长径比大的钻头，这样加工效率才能比较高，在经济性上比以通用性见强的更大长径比的钻头更好。

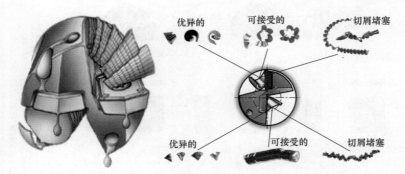

优异的　可接受的　切屑堵塞

优异的　可接受的　切屑堵塞

图 4-17　内外刀片切屑形态（图片来源：山特维克可乐满）

图 4-18　浅孔钻视频
（视频来源：瓦尔特刀具）

93

4.1.2　可转位钻刀片

常见的可转位钻头的钻刀片大致上分为2刃的长方形、2刃的菱形、3刃的凸三边形和4刃的矩形等几种。图4-14所显示的钻头所用刀片是菱形刀片（其作为内刀片或作为外刀片各有两个切削刃），图4-19是几种不同类型的可转位钻刀片的图形，大致包括了上述各种不同的刀片形状。

钻刀片与车刀片、铣刀片都有所不同。车刀片大部分都有标准规格，与其相比有些钻刀片粗看形状很接近，但形状尺寸会各不相同，大部分都不能互换使用，其与车刀片的共同之处是都是连续切削；其形状尺寸基本无法互换这个特征与铣刀片比较相近，但铣刀片是断续切削不用考虑断屑，钻刀片却需要把断屑放在首要地位，因为钻刀片不断屑极易造成切屑堵塞，从而造成类似于图4-11的钻头折断问题。

图4-20是伊斯卡的两种与众不同的钻刀片。左侧的刀片底面设计有独特的定位面，从而能在钻孔过程中有效保证刀片的位置精度；右侧的切削刃分成了3段，在切削中大大增加了切屑的变形，有很多时候，能将

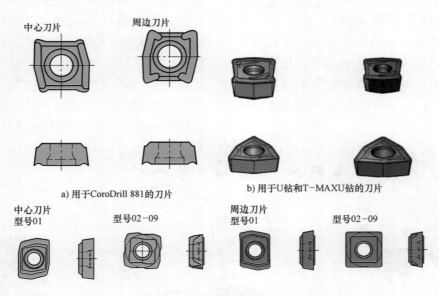

中心刀片　　　　周边刀片

a) 用于CoroDrill 881的刀片　　　b) 用于U钻和T-MAXU钻的刀片

中心刀片
型号01　　　型号02-09　　　周边刀片
型号01　　　型号02-09

c) 用于CoroDrill 880的刀片

图4-19　不同形状的可转位钻刀片（图片来源：山特维克可乐满）

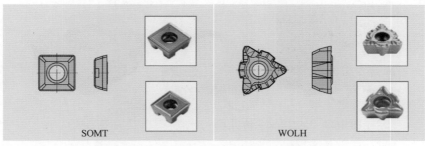

SOMT　　　　　　　　　　WOLH

图 4-20　两种与众不同的钻刀片（图片来源：伊斯卡）

主切削刃上的切屑分段（图 4-21），这样就可以在进给量不变，即切削面积一定的情况下得到窄而厚的切屑，以减小切削力，减轻切屑的卷曲度，使切屑能够比较顺利地排出。

图 4-21　分屑刀片的效果（图片来源：伊斯卡）

■ 内刀片

在可转位钻头上，内刀片有两个主要特点：

1）内刀片通常要起定心作用。除了内刀片在轴向上应该凸出于外刀片（图 4-7）外，内刀片应该有一个"尖角"首先切入工件。

2）内刀片的切削速度低，在轴线上的切削速度是"0"，因此与整体硬质合金钻头一样，临近钻头中心的刀片，尤其是临近中心部分并非在"切削"工件，而是在"推挤"工件，刀片这部分的后面会受到极强的挤压作用，刀片的刃口容易崩碎。因此，内刀片通常用在这一部分钝化较大、锋利程度不高的刃型和韧性较好的材料，以适应低速挤压的切削状态。

图 4-22 是可转位钻头 B4213 的内刀片，资料显示，该内刀片在接近钻头中心处有一个小凸台减小了这一部位的刀片前角，从而强化了切削刃；刀片的后面也做成了双后角形式，减小了近中心处实际工作后角大造成工作表面与后面干涉的可能性。

图 4-23 则是 CoroDrill 880 钻头的内刀片，该内刀片采用了"阶进技术"（Step Technology），主切削刃呈现波浪形。这种形状一方面能在完整钻孔中很好地平衡

图 4-22　B4213 钻头的内刀片（图片来源：瓦尔特刀具）

图 4-23　CoroDrill 880 钻头的内刀片（图片来源：山特维克可乐满）

径向的切削力，另一方面波浪形的主切削刃使切屑产生附加的变形，增加了等效切屑厚度 h_{ch}（图 2-82），使得在切削韧性较强的工件材料时也能很好地断屑。

■ 外刀片

可转位钻头的外刀片是钻头上承担主要加工任务的刀片，一般而言，如果采用相同尺寸的刀片，外刀片所产生的切屑最多可以是内刀片的 3 倍。另一方面外刀片是加工后已加工表面的直接形成者，钻出的孔的精度和质量在相当程度上要依赖于外刀片。

◆ 断屑

外刀片的断屑是一个非常重要的问题，较小尺寸的 "C" 字切屑和短螺旋屑不容易造成切屑间的缠绕，而切屑间的缠绕会增加排屑的困难甚至完全堵塞并导致钻头折断。

从切削原理上，外刀片的断屑与内孔车刀的断屑本质没有太大的区别。对断屑部分内容感兴趣的读者，建议阅读《数控车刀选用全图解》3.2.1 的 "内外圆车削中常见问题" 的第 1 部分 "断屑问题"，在此不再赘述。只是，外刀片的切削深度一般没有粗加工和精加工之分，当刀片重叠较多时，外刀片的切削深度相对较少；当刀片重叠较少时，外刀片的切削深度相对较多（图 4-24）。因此，外刀片的槽型断屑范围的要求都比较宽。

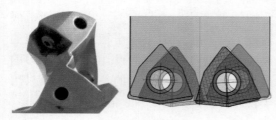

a) 内外刀片重叠较多

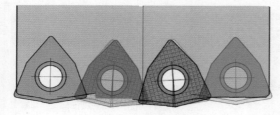

b) 内外刀片重叠较少

图 4-24　可转位钻头的刀片重叠
（图片源自网络；图形源自：无锡方寸）

图 4-25 是 B321X 系列可转位钻头的槽型照片，适用于不同的被加工材料，如图中右边的槽型，切削刃呈现出很多小波浪形，这是针对较软的工件材料（例如铝或者软钢）设计的，能增加等效切屑厚度，保证在这些软材料工件的钻削中能顺利断屑。

◆ 修光刃

虽然可转位钻头大部分用于加工尺寸精度要求不很高的孔（典型的如螺栓的通孔），但有相当部分，孔的表面质量还是有一定的要求。因此，现在有相当部分的可转位钻头的外刀片带有修光刃。

图 4-26 是几种带修光刃的外刀片的图示。图 4-26a 中绿圈中的红粗线就表示了刀片上的修光刃，而图 4-26b 中的右下方的圈中则是 CoroDrill881 的修光刃。

这种钻头修光刃的第一种用法，类似于车刀中的修光刃的用法，属于大进给量加工，感兴趣的读者请参阅《数控车刀选用全图解》3.2.1 的"内外圆车削中常见问题"中的"大进给车削"部分。

这种修光刃的第二种用法是在退刀时进行修光和尺寸校正。当这种钻头钻孔时，由于径向切削力不平衡而造成孔径偏小时，可以以工作进给的速度退刀，这时钻头只有外圆刀片参与切削，而切削用量正是钻入时钻头弹性变形用量；参与切削的

图 4-25　几种可转位钻刀片槽型
（图片来源：瓦尔特刀具）

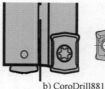

a) B421X　　　　b) CoroDrill881

图 4-26　外刀片带修光刃（图片来源：瓦尔特刀具及山特维克可乐满）

刃口是钻头宽修光刃对于常规进给方向的背刃。这样，以工作进给的速度退刀即为一个小余量的单刃扩孔，孔的精度和质量比直接钻孔有所提高。

但是必须注意，带有修光刃的外刀片会增加外刀片上的径向力，从而可能造成内外刀片在径向力上的平衡，增加钻偏的风险。因此，除非专门设计使用修光刃的外刀片，否则带修光刃的外刀片一般只用于较短的悬伸（如 2 ～ 3 倍的长径比）。

4.2 可转位钻头的使用

关于可转位钻头使用方面还有些问题需要向读者介绍。

▶ 4.2.1 可转位钻头的径向尺寸调节

这里首先要介绍的是可转位钻头的径向尺寸调节。

径向尺寸调节的原理类似于内孔车刀改变车刀杆的位置，它对被加工孔的尺寸改变重点，是改变外刀片相对于回转中心的位置。

但可转位钻头的外刀片和内刀片是安装在同一个刀杆上，它们两者间的相互位置并不能改变，因此，可转位钻头的径向尺寸调节受到一定的限制。一般而言，孔径调小会受到刀体尺寸的限制，如图 4-27 中的红色大箭头指孔径调小方向，灰色为钻头刀体，左侧红色尺寸箭头所指尺寸会随着孔径调小而减小，考虑到钻刀杆可能

由于径向力不完全平衡而钻偏，当钻刀杆即将与孔壁接触时就不能进一步调小钻孔尺寸，以免钻刀杆与孔壁干涉；而孔径调大则会使内刀片的切入点发生改变，由于钻头近中心处切削速度为 0，内刀片超出圆弧中心点后的后角方向与钻头工作后角方向完全不同，会造成内刀片后角的干涉而导致内刀片的崩碎。

■ 在车床上的径向尺寸调整

在车床上进行的径向尺寸调整只需要将钻头中心与车床回转中心形成偏心即可，如图 4-28 所示。

可调节的尺寸范围与钻头刀体的设计、可转位刀片的形式和尺寸都有直接的关系，建议咨询相应刀具的供应商和查阅样本。图 4-29 是瓦尔特刀具的 Stardrill 可转位钻头 B 321x 最大偏心量的示意。

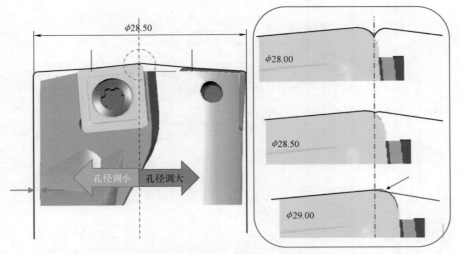

图 4-27　可转位钻头尺寸调节的限制（图片来源：高迈特）

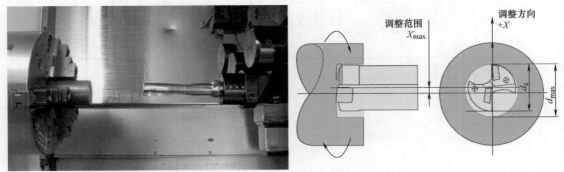

图 4-28　车床上的钻头尺寸调节（图片来源：高迈特、瓦尔特刀具）

应在外刀片外缘刃口与车床回转中心的连线上调整，即不要改变外刀片的中心高。

■ **在加工中心或镗铣床上的径向调整**

在加工中心或镗铣床等刀具旋转的场合用移动下刀中心的方法，不能改变钻孔的径向尺寸，这样的移动会改变的仅仅是孔的中心位置。

要在加工中心或镗铣床等刀具回转的设备上对可转位钻头进行径向调整，通常需要借助一种专用的工具：偏心套。偏心套如图 4-30 所示。

可转位刀片规格	d_c/mm	范围1		范围2		可转位刀片规格	d_c/mm	范围1		范围2	
		X_{max}/mm	d_{max}/mm	X_{max}/mm	d_{max}/mm			X_{max}/mm	d_{max}/mm	X_{max}/mm	d_{max}/mm
1	16	1,0	18,0	1,8	19,6	**5**	37	0,9	38,8	1,8	40,6
	17	0,8	18,6	1,5	20,0		38	0,7	39,4	1,5	41,0
	18	0,7	19,4	1,3	20,6		39	0,5	40,0	1,2	41,4
	19	0,5	20,0	1,0	21,0		40	0,5	41,0	1,2	42,4
	20	0,3	20,6	0,8	21,6		41	0,4	41,8	0,9	42,8
2	21	1,1	23,2	2,0	25,0		42	0,2	42,4	0,6	43,2
	22	0,9	23,8	1,7	25,4	**6**	43	1,1	45,2	2,2	47,4
	23	0,8	24,6	1,5	26,0		44	0,9	45,8	1,9	47,8
	24	0,6	25,2	1,2	26,4		45	0,7	46,4	1,6	48,2
	25	0,4	25,8	1,0	27,0		46	0,9	47,8	1,6	49,2
3	26	1,0	28,0	1,7	29,4		47	0,7	48,4	1,3	49,6
	27	0,8	28,6	1,4	29,8		48	0,5	49,0	1,0	50,2
	28	0,6	29,2	1,2	30,4		49	0,3	49,6	0,6	50,6
	29	0,4	29,8	0,9	30,8		50	0,2	50,4	0,6	51,2
	30	0,3	30,6	0,7	31,4	**7**	51	1,1	53,2	2,3	55,6
4	31	1,1	33,2	1,9	34,8		52	0,9	53,8	2,0	56,0
	32	0,9	33,8	1,6	35,2		53	0,8	54,6	1,7	56,4
	33	0,7	34,4	1,4	35,8		54	1,1	56,2	2,0	58,0
	34	0,5	35,0	1,1	36,2		55	0,9	56,8	1,7	58,4
	35	0,3	35,6	0,8	36,6		56	0,7	57,4	1,5	59,0
	36	0,2	36,4	0,6	37,2		57	0,6	58,2	1,2	59,4
							58	0,4	58,8	0,9	59,8
							59	0,2	59,4	0,5	60,0

注：范围1为在一般情况下可用的调整范围。
　　范围2为只在最佳情况下可达到的调整范围。

图 4-29　Stardrill 可转位钻头 B 321x 的最大偏心量（图片来源：瓦尔特刀具）

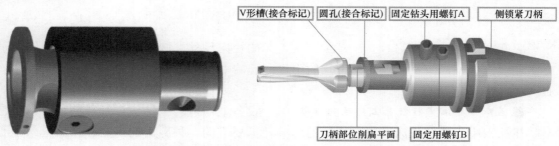

图 4-30　可转位钻头径向调整用偏心套（图片来源：高迈特、三菱材料）

图 4-31 是某偏心套改变可转位钻头径向尺寸原理示意图。中间连个红色的圆圈及中间粉色的代表偏心套，两个红圈分别代表偏心套的内径和外径。当偏心套处于右图位置时，绿色的可转位钻头外刀片外缘距离回转中心（蓝色实线交点）最近，钻头钻出的孔最小；当偏心套处于左图位置时，绿色的可转位钻头外刀片外缘距离回转中心（蓝色实线交点）最远，钻头钻出的孔最大。

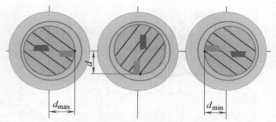

图 4-31　偏心套改变可转位钻头径向
尺寸原理示意图

4.2.2　不平面钻入钻出和相交孔钻削[注]

由于可转位钻头依靠内外两个刀片来平衡径向切削力，因此当只有一个刀片（无论是内刀片还是外刀片）受力时，径向力的平衡就会受到破坏，从而导致钻头逐渐钻偏（图 4-32），也会导致受力刀片的过快磨损，而不平面钻入钻出和相交孔钻削都可能导致只有一个刀片受力。

在钻削的主要切削参数中，切削速度主要影响切削转矩，而进给量主要影响轴向力和径向力。因此，在只有一个刀片受力时，要防止或减轻径向力不平衡带来的不利影响，主要就是降低进给量。

■ **不规则表面**

当可转位钻头进入或离开如图 4-32 所示的不规则表面时，不规则的粗糙表面可能导致切削刃崩裂。此时应该减小进给速度。

■ **凸面**

对可转位钻头而言，如图 4-33 所示的凸面钻入不算很难，因为它和平面钻削一样是钻头的中心首先接触工件，因此是正常的径向力和转矩。但如果凸面的半径较小，内刀片单独作业时间较长，应该在外刀片接触工件之前降低进给量。

如果钻出面是凸面，同样会使外刀片首先脱离与工件的接触而形成内刀片单独受力，这时刀片的受力与钻入相差不大。

■ **凹面**

在凹面上钻入时，可转位钻头接合情况会随着钻削点处凹面半径和钻头直径而变化（图 4-34）。

如果凹面半径比可转位钻头直径小，钻头外刀片首先切入工件，这时内刀片尚未接触工件，导致切削力不平衡。为了减少可转位钻头的变形，应该将进给量减小至推荐值的 1/3。

注 本小节相当一部分内容引自《金属切削工艺技术指南》，本节中图片如未说明，均源自山特维克可乐满。

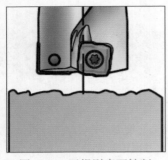

图 4-32　不规则表面钻削

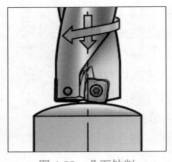

图 4-33　凸面钻削

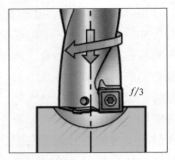

图 4-34　凹面钻削

在凹面上钻出时，同样是内刀片首先脱离与工件的接触，而仅有外刀片单独受力，当钻出的凹面半径比可转位钻头直径小时，同样应该将进给量减小至推荐值的1/3。

■ **角度或倾斜表面**

可转位钻头在如图 4-35 和图 4-36 所示的角度或倾斜表面上钻入或钻出，会导致钻头上内外刀片交替进行单刀片切削，切削刃上的交变不均匀作用力会较快磨损钻刀片，导致振动和孔的轮廓变形。

这些交变的、不均匀的负荷会影响钻头状态的稳定，如果倾斜度较大，相对的不稳定的时间就较长。因此，如果倾斜表面角度大于2°，应该将进给量减小至推荐值的1/3。

对于退出倾斜表面时有相同的建议。

■ **非对称曲面**

当可转位钻头穿过如图 4-37 所示的非对称曲面时，会导致钻头从中心向外弯曲，这点与倾斜表面钻削是相同的。应该将进给量减小至凹面初始穿透值的1/3。

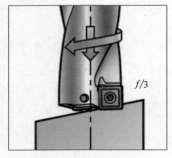

图 4-35　倾斜表面钻入

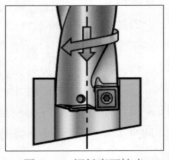

图 4-36　倾斜表面钻出

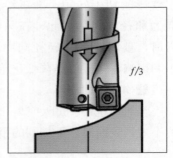

图 4-37　非对称曲面钻削

■ 预制孔和台阶孔

如果将可转位钻头用于扩孔，即用可转位钻头前已经有了一个预制孔（例如铸件上的孔，图 4-38），可能会存在只有外刀片受力的情况。为了将内刀片和外刀片之间的切削力平衡保持在可接受水平，建议预制孔不应大于可转位钻头直径的 1/4。这样，一般可以保证内刀片依然有相当部分参与切削。如果预制孔超过了可转位钻头直径的 1/4，建议用扩孔钻进行扩孔或者用立铣刀进行插补铣削。如果需要使用可转位钻头进行这样的加工，请全程将进给量减至推荐值的 1/3。

对于台阶孔（图 4-39）建议先钻大孔后钻小孔。先钻的孔都属于标准的钻孔，无须多做解释；如果后钻的是小孔，它依然如同正常钻孔（但先钻的大孔底部略有不平，类似于不规则表面），但如果先钻小孔，后钻的就类似于有预制孔的扩孔。

■ 相交孔

当可转位钻头所钻的孔与另一个孔的轴线相交时（图 4-40），钻头是先离开凹面并重新进入凹面，这与之前的凸面钻出及凹面钻入是相同的，另外还存在排屑问题。加工这样的孔时应该注意刀具稳定性。

对于加工相交孔，第一个建议是先钻小孔后钻大孔，如图 4-41 所示。

当相交孔中先钻的第一个小孔的直径超过后钻的第二个大孔直径的 1/4 时，进入相

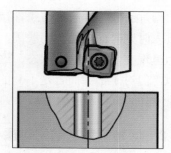

图 4-38　预制孔钻削

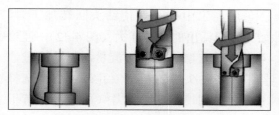

图 4-39　台阶孔钻削

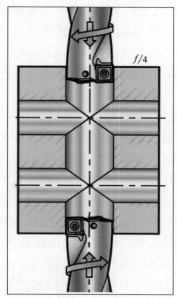

图 4-40　相交孔钻削

交孔时内刀片会较多地脱离与工件接触，而外刀片进入时则时而接触时而脱离，钻头上的径向力呈现交变的不稳定状态，这与斜面钻削相似，但对于钻头而言是不利的，应该将进给速度降低至推荐值的1/4。

▶ 4.2.3　可转位钻削常见问题

■ 孔尺寸增大

用加工中心等可使钻头回转加工时，如果发现钻出的孔径增大（图4-42），建议考虑应采取增加切削液流量，如清洁过滤器、清洁钻头中的切削液孔或者尝试选择不那么锋利槽型的外刀片（内刀片保持不变）。对于车床等钻头不回转的情况，首先检查车床是否对准，或者将钻头旋转180°，其次可以利用径向调整的方法调整孔径，当然也可以尝试选择不那么锋利槽型的外刀片（内刀片保持不变）。

■ 孔尺寸减小

用加工中心等使钻头回转加工时，如果发现钻出的孔径减小（图4-43），建议首先也是增加切削液流量，如清洁过滤器、清洁钻头中的切削液孔，也可以尝试用不那么锋利的内刀片和更锋利一些的外刀片；对于车床等钻头不回转加工时，首先检查车床是否对准，或者将钻头旋转180°，其次可以利用径向调整的方法调整孔径，当然也可以试用不那么锋利的内刀片和更锋利一些的外刀片。

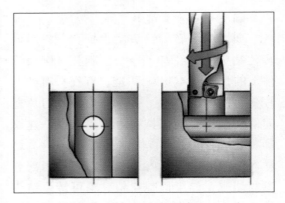

图4-41　相交孔钻削顺序

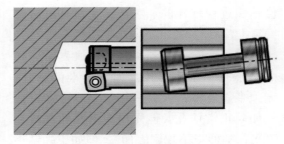

图4-42　孔尺寸增大
（部分图片来源山特维克可乐满）

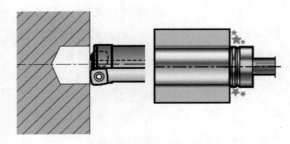

图4-43　孔尺寸减小
（部分图片来源山特维克可乐满）

■ **振动**

如果用可转位钻头加工时发生振动（图4-44），建议首先缩短钻头悬伸以提高工件稳定性。之前在介绍"可转位钻头长径比"内容时推荐读者观看不同长径比的可转位钻头加工视频（图4-18），从中可以体会钻头悬伸对钻头刚性的影响。其次是建议降低切削速度和进给量，刚才提到的视频中的较长钻头就是降低了这些切削参数。另外，可以考虑尝试另一槽型的外刀片，并在推荐切削参数范围内调节进给速度。

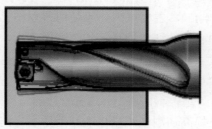

图 4-44　振动（图片来源：山特维克可乐满）

■ **机床扭矩不足**

如果在可转位钻头使用时发现如图4-45所示的机床扭矩不足，建议首先是减小转速，一般认为降低转速对于降低机床扭矩是非常有效的；其次是减小进给量；当然还可以选择轻切削的锋利槽型的刀片以降低切削力。

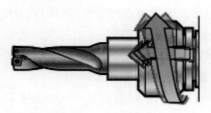

图 4-45　机床扭矩不足
（图片来源：山特维克可乐满）

■ **刀片螺钉被破坏**

如果在可转位钻头钻孔中出现如图4-46所示刀片螺钉被破坏的情况，建议：一是使用二硫化钼润滑剂，因为很多情况是螺钉受切削热的影响，与螺孔之间的金属材料发生亲和反应，使用二硫化钼润滑剂能预防这种亲和反应的发生；二是使用扭力扳手紧固刀片螺钉，许多都是因拧紧时扭矩过大致使螺钉被破坏。另外扭矩过大即使没有扭断螺钉，也会使螺钉的牙型变形，进而影响螺钉的使用。

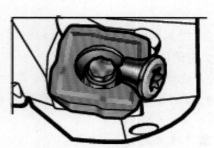

图 4-46　刀片螺钉被破坏

■ **孔的表面质量不佳**

可转位钻头加工出的孔表面质量不佳（图4-47），主要原因一般是切屑划伤已加工表面（钻孔切屑均从已加工表面流出，长切屑尤其容易划伤已加工表面），偶尔也有因进给量太大造成的一些刀痕。因此，首要的是良好地控制切屑，并选择合适的刀片槽型，当然提高切削液流量也能帮助排屑（同时注意清洁过滤器及钻头中的切削液孔），其次可以考虑减小进给量以减轻刀痕（如果一定要保持进给速度 v_f 来保证加工效率，也可以提高转速），同样可以用带修光刃的外刀片来减小刀痕。另外，缩短钻头悬伸量，提高工件稳定性也是提高表面质量的选项之一。

■ **沟槽中切屑堵塞**

可转位钻头的沟槽中切屑堵塞（图4-48）是使用中极其危险的情况，往往会使钻头扭断，必须杜绝。因此可以采取如下措施：

1）检查刀片的几何形状和切削参数推荐值。

2）增加切削液流量，清洁过滤器，清洁钻头中的切削液孔。

3）在推荐切削参数范围内减小进给量。

4）在推荐切削参数范围内提高切削速度。

■ **不良刀具寿命**

不良的刀片寿命其实就是刀具提前失效（图4-49），其中刀片的失效将在下一小节中详讨论。

刀体提前失效的表现：一是刀体外缘很快被磨出许多沟槽，这大部分是由于长切屑缠绕刀体并受到孔的挤压造成的，同时还常伴随孔的表面质量不佳，建议阅读本小节的"孔的表面质量不佳"那一段；另一个常见现象是钻刀杆扭断，这基本上都是可转位钻头的沟槽中切屑堵塞的结果。如何预防可转位钻头的沟槽中切屑堵塞请参阅本小节"沟槽中切屑堵塞"一段。

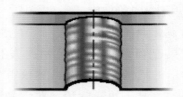

图 4-47　孔的表面质量不佳（图片来源：山特维克可乐满）

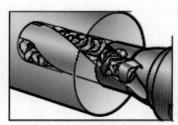

图 4-48　沟槽中切屑堵塞

图 4-49　不良刀具寿命

4.2.4　可转位钻刀片的失效

■ 后面磨损

与车削、铣削中的刀片磨损类似，钻刀片发生如图 4-50 所示的后面磨损属于正常的磨损，但过快的后面磨损则是需要采取措施的。后面磨损过快，常见的原因一是切削速度过高，二是刀片材料/涂层的耐磨性不足。因此建议针对切削速度过高可适当降低切削速度；针对刀片耐磨性不足则选择更耐磨的材料，即适当提高硬度，例如原来选用途代号为 P20 材料的改选用途代号为 P10 材料。

■ 月牙洼磨损

月牙洼磨损（图 4-51）从本质上说是有一定硬度的切屑在前面上以较高速度流过，刀具与切屑的接触面在切屑的压力和速度下产生的磨损。在可转位钻刀片的内刀片上，常常是积屑瘤及由其粘结剥落的硬质合金层所导致的磨料磨损；在外刀片上，则常常是前面上过高温度导致的扩散磨损。一般而言，选择更锋利的槽型能减轻切屑的压力，从而减少甚至避免月牙洼磨损。而对于主要发生内刀片月牙洼磨损的情况，除了减小进给量，如果原来使用的是未涂层刀片，建议改选涂层刀片，这样既可以避免积屑瘤的产生，也能提高硬度抵抗磨料磨损；对于主要发生外刀片月牙洼磨损的情况，则除了降低速度，建议选择带有 Al_2O_3 涂层的刀片，以防氧化。

■ 塑性变形（周边刀片）

外刀片的塑性变形（图 4-52）的主要原因一是切削温度（切削速度）过高，加上切屑对刀片的高压（进给量、工件硬度），二是由于后面磨损和/或月牙洼磨损。建议：选择更能抵抗塑性变形的更耐磨的材料，如晶粒更细的硬质合金；或者降低切削速度、减小进给量，以降低切削温度和切屑的压力。

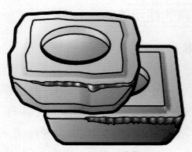
图 4-50　后面磨损

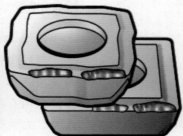
图 4-51　月牙洼磨损

图 4-52　塑性变形

■ 刃口微崩

钻刀片产生刃口微崩（图4-53a）的原因很复杂，其中一是材料的韧性不足，二是刀片槽型强度太低，三是受积屑瘤的影响，四是工件表面不规则，五是夹持的稳定性差（图2-141），六是工件材料内部有硬质点（例如铸铁件中夹砂）。因此可以采取的措施包括：选择韧性更好的材料，例如原来选用途代号为HC-P10材料的改选用途代号为HC-P20材料；选择更结实的槽型，如前角较小，钝化较大；在下一段中采取避免产生积屑瘤的措施；降低钻入时的进给量；提高装夹的稳定性（图2-140）等。

■ 积屑瘤

积屑瘤（图4-53b）是指在加工钢件尤其是中碳钢时，在近刀尖处的前面上出现的小块且硬度较高的金属粘附物。在较大的切削力的高压和剧烈摩擦产生的较高温度下，与刀具前面接触的那一部分切屑流动速度相对减慢形成滞留。这些滞留材料就会部分被粘附在刀具的前面上，从而形成了积屑瘤。在可转位钻头上产生积屑瘤常因为：低切削速度造成切屑滞留；前角过小；极黏的工件材料，例如某些不锈钢和纯铝；切削液中过低的润滑油混合液等。建议提高切削速度或更改为带涂层材料，以防切屑滞留；选择更锋利的切削槽型；提高切削液中的润滑油混合比和容量/压力。CoroDrill880切削液流量建议如图4-54所示。

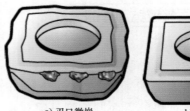

a) 刃口微崩　　　　b) 积屑瘤

图 4-53　刃口微崩和积屑瘤
（图片来源：山特维克可乐满）

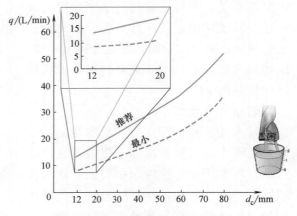

图 4-54　CoroDrill880 切削液流量建议
（图片来源：山特维克可乐满）

▶ 4.2.5　其他使用信息

■ 底部轮廓

可转位钻头通常都存在底部轮廓不平的现象。不同厂商的不同型号、不同规格的钻头所存在的底部轮廓不平的程度各有不同，如果需要该轮廓不平程度的准确值，应查询具体厂商的具体型号。图4-55为CoroDrill880底部轮廓不平参考值。

由于使用平底的可转位钻头时轴向力较大，加上底部不平整，在可转位钻头钻穿时会出现一个圆形薄片，如图 4-56 所示。正是由于存在这样的铁片，因此可转位钻头不能用于钻叠层工件。

刀片型号	01	02	03	04	05	06	07	08	09
a最大值/mm	0.4	0.6	0.7	0.9	1.1	1.1	1.4	1.6	2.0
d_c/mm	12.00～13.99	14.00～16.49	16.50～19.99	20.00～23.99	24.00～29.99	30.00～35.99	36.00～43.99	44.00～52.99	53.00～63.50

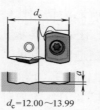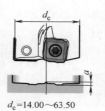

$d_c=12.00～13.99$　　$d_c=14.00～63.50$

图 4-55　CoroDrill880 底部轮廓不平参考值（图片来源：山特维克可乐满）

a）与钻头接触的一面　　　b）工件的外表面

图 4-56　钻穿的铁片（图片来源：苏州阿诺）

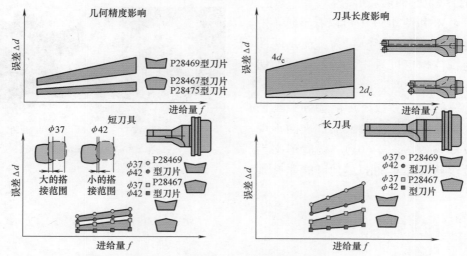

图 4-57　影响可转位钻头 B321X 系列加工精度的部分因素（图片来源：瓦尔特刀具）

■ **钻孔精度**

因为存在切削力的不平衡和刀体、刀片两者精度的综合影响，可转位钻头与整体硬质合金钻头或冠齿钻相比，并不是高精度的钻孔刀具。图 4-57 显示其钻孔精度与刀体、刀片的制造精度有关，无疑也受到切削用量、刀具刚性（如悬伸）的影响，还受到刀片槽型以及刀体上内外刀片搭接程度的影响等。

■ **切削速度和进给量**

可转位钻头的切削速度和进给量建议按厂商的推荐值来选取。过高的切削速度和进给量会使钻头刀片过快磨损，但过低的切削速度或进给量也会造成断屑不良。图 4-58 是某直径为 $\phi21mm$ 的可转位钻头在不同切削速度时的切屑形态，图 4-59 则是其在不同进给量时的切屑形态。

在图 4-58 和图 4-59 中可以看出两者中进给量对切屑形态的影响更大。而从两图中切屑的颜色也可以看出，切削速度对切削温度的影响似乎更大。

不合适的切削参数还可能会导致工艺系统产生颤振现象，被加工工件表面出现振动波纹即振纹（图 4-60a），切屑形态为周期性波纹状（图 4-60b），且可能伴有刺耳的噪声。

a) v_c=105m/min　　b) v_c=150m/min　　c) v_c=180m/min

图 4-58　不同切削速度时的切屑
（图片来源：哈尔滨理工大学）

a) f=0.06mm/r　　b) f=0.09mm/r　　c) f=0.12mm/r

图 4-59　不同进给量时的切屑
（图片来源：哈尔滨理工大学）

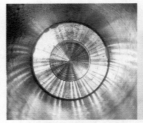 

a) 工件上的振纹　　　　b) 切屑上的振纹

图 4-60　钻削颤振的表现
（图片来源：哈尔滨理工大学）

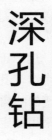

5

深孔钻

通常，在机械制造中，通常用"长径比"（即孔深 L 与孔径 d_c 之比值）描述孔的深度特征。长径比大于 12 的孔称为深孔，一般要求采用适合深孔的钻头（即深孔钻）、技术和装备来实现，其中深孔刀具及其排屑技术是决定整个技术发展的关键。深孔钻有很多类型，如硬质合金深孔钻、枪钻、双管深孔钻、单管深孔钻等。

5.1 整体硬质合金深孔钻

整体硬质合金深孔钻在某种程度上可以认为是切削部分加长的整体硬质合金钻头。

用于铸铁件和铝件加工的较短的整体硬质合金深孔钻（长径比小于 12 倍）尚可见直槽的结构，其余的整体硬质合金深孔钻大多采用螺旋槽的结构。图 5-1 所示就是长径比 16～70 的整体硬质合金深孔钻。

但由于深孔加工的特点，整体硬质合金深孔钻与常规的整体硬质合金钻头相比还是有一些不同。例如，常规的整体硬质合金钻头在整个螺旋槽长度上都设有钻芯增量，但整体硬质合金深孔钻如果那样，到容屑槽快结束时槽就会过于浅小，无法满足排屑的需要；常规的整体硬质合金钻头在整个钻头直径上都有直径倒锥，但整体硬质合金深孔钻通常只在一定长度内安排直径倒锥，之后不再有倒锥，还有的干脆在一定长度之后，连刃带都没有了。

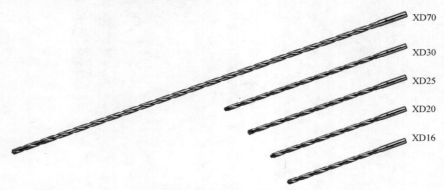

图 5-1 L/d_c=16 ～ 70 的整体硬质合金深孔钻（图片来源：瓦尔特刀具）

下面通过长径比为 70 的 XD70 超长整体硬质合金深孔钻来了解这类钻头的特点。

■ *XD70 超长整体硬质合金钻头*

图 5-2　XD70 超长钻头（图片来源：瓦尔特刀具）

XD70 是一种超长钻头，钻孔的长径比可以达到 70 倍。但实际上，受硬质合金棒料供应的限制，最长的排屑槽长度为 460mm（按此计算，70 倍长径比的最大直径为 6.5mm），最长的刀具总长度为 530mm。现在瓦尔特刀具这种技术称为 XD70 技术，包括标准的 40 倍长径比的 XD40、50 倍长径比的 XD50 以及非标定制的 70 倍长径比（图 5-2）。这种超长钻头特点是：一般有刃带的不长（一般为 8 倍直径，图 5-3），在刃带结束之后，后面部分的外径较小（与孔径之间有间隙，图 5-4）；而涂层部分更短（一般为 1.5 倍直径）。整体硬质合金超长钻头的沟槽都需要抛光，这样可以减小排屑的阻力，使排屑更为流畅。

图 5-3　XD70 头部结构（图片来源：瓦尔特刀具）

图 5-4　超长钻头头部结构（图片来源：肯纳金属）

据介绍，这种深孔钻适合钻削铸铁、铝合金和各种钢材（拉伸强度最高至 1000MPa）。

由于这种钻头悬伸量很大，直接钻削会产生压杆的失稳现象。图 3-47 是关于压杆失稳的简图。前面已经介绍，当长径比特别大时，会使钻头折断。

因此，这类长钻头常常在需要钻孔的位置加工"引导孔"（也叫"预钻孔"），让长钻头在开始钻削时先将钻头头部伸入引导孔，这样在开始钻孔时钻头的状态就由一端固定、一端铰支转化为两端固定（一个固定端为钻头的夹持端，另一固定端为引导孔）。在这种状态下的系数 μ 为 0.5，变形缩小到一端固定、一端铰支状态的 50%。

但钻头在卧式机床主轴上静置时头部会产生下垂，这样在进入引导孔时，可能只有一个刃口的外缘转角在引导孔范围内，而另一个外缘转角在引导孔外，这样钻头头部可能无法顺利进入引导孔，造成崩刃或钻头折断。因此，使用中有两个建议：

1）在钻入前，在卧式机床上将钻头 2 个刃口处于水平位置，这样即使钻头稍有下垂，在进入引导孔时也不会崩刃。

2）在进入引导孔时让钻头反转。超长钻头的长度 l 值（图2-137）很大，这样钻孔时即使引导孔很短，也不能保证顺利钻孔，因此建议是分两次加工引导孔。第一次的引导孔较短，可以使用2倍径的整体

硬质合金钻头加工第一个引导孔（孔口需要倒角的可以直接用带倒角的非标钻头），然后用12倍径的整体硬质合金钻头加工第二个引导孔，如图5-5所示。

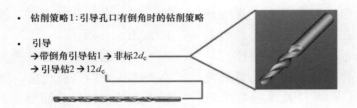

- 钻削策略1：引导孔口有倒角时的钻削策略
- 引导
  → 带倒角引导钻1 → 非标$2d_c$
  → 引导钻2 → $12d_c$

- 深孔钻削
- ➤ 在卧式主轴上使用时，先使钻头的主切削刃处于水平位置，避免受重力的影响
- ➤ 引导钻2进入引导孔时不旋转直至$11.5d_c$的深度
- ➤ 主轴全速旋转，打开内冷
- ➤ 钻孔至深度，无需退刀

图 5-5　XD70引导策略（图片来源：瓦尔特刀具）

5.2　枪钻

枪钻是一种深孔钻，它因早期用于枪管的加工而得名。枪钻是一种有效的深孔加工刀具，加工范围很广，从玻璃纤维、特氟龙等塑料到高强度合金（如碳钢、不锈钢、铸铁和铬镍铁合金）都可以加工。在公差和表面粗糙度要求较严的深孔加工中，枪钻可保证孔的尺寸精度、位置精度和直线度。枪钻大致分为三大部分：钻尖、钻杆和驱动用的柄部，如图5-6所示。

图 5-6　枪钻基本结构（图片来源：钻领刀具）

5.2.1 钻尖

■ 几何参数

图 5-7 是枪钻头部的大致形状、结构组成（左中）和典型几何角度。枪钻钻尖的切削刃分为外刃（图中 30°主偏角的部分）、内刃（图中 20°主偏角的部分）和侧刃。其内外刃及侧刃的切削力难以完全平衡（见随后的分析），因此必须依靠导条在孔壁上进行支撑，以保证枪钻在钻削过程中不致发生挠曲变形。图 5-8 则是枪钻的切削图形。

枪钻在钻孔过程中钻杆柱、孔壁及工件组成了一个复杂的弹性系统，钻杆柱近似为一根细长的柔性杆件，由回转运动传递钻压和扭矩，同时在孔壁的约束下弯曲变形，受力及运动状态十分复杂。

图 5-9 是枪钻的受力简图。左图上将枪钻钻尖外刃上的力分解为三个方向的分力：与主切削速度相垂直方向的主切削力 F_t（切削力 F_c）、在进给方向的轴向力 F_a（进给力 F_f）以及径向力 F_r（背向力 F_p）。在钻尖

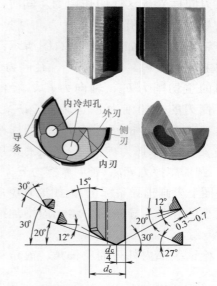

图 5-7　枪钻头部（图片来源：钻领刀具）

图 5-8　枪钻的切削图形

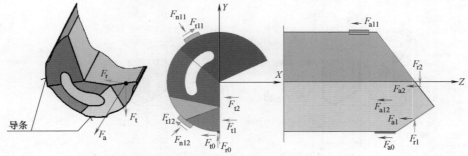

图 5-9　枪钻受力简图（图片来源：BOTEK 公司和燕山大学）

的内刃同样受到这样的作用力。同时，钻尖的导条也承受孔壁的支撑力和摩擦力。整个钻尖的受力如图 5-9 的右图所示：外刃的主切削力 F_{t1}、轴向力 F_{a1}、径向力 F_{r1}；内刃的主切削力 F_{t2}、轴向力 F_{a2}、径向力 F_{r2}；侧刃的主切削力 F_{t0}、轴向力 F_{a0}、径向力 F_{r0}；导条 1 的正压力 F_{n11}、圆周摩擦力 F_{t11}、轴向摩擦力 F_{a11}；导条 2 的正压力 F_{n12}、圆周摩擦力 F_{t12}、轴向摩擦力 F_{a12}（该力处图上未画出导条标记）。如果有更多或者更少的导条，导条的力将相应增加或者减少一组。

枪钻头部内外刃的主偏角、前角等的不同组合会影响钻尖的受力分布，影响切屑的成形，也会影响切削图形和容屑空间。一般而言，不同类型和不同直径的枪钻有不同的几何参数。EB80 采用 G 型钻尖（钻尖形式将在下小节介绍），其几何角度根据不同规格分成 3 种（图 5-7 的几何参数就是取自其中的中等直径），如图 5-10 所示；而 EB100 则有 G 型和 C 型两种钻尖，几何角度根据不同规格分成两种，其冷却通道更大一些。图 5-11 是 EB100 的几何参数，对照图 5-10 的 EB80 几何参数，可以发现，虽然两者大体相同，但在个别细节上还是有些细微的差别，EB100 要更锋利一些。

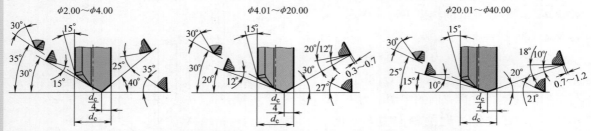

图 5-10　不同规格的 EB80 枪钻几何参数（图片来源：钻领刀具）

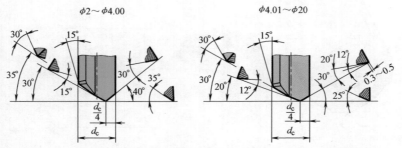

图 5-11　不同规格的 EB100 枪钻几何参数（图片来源：钻领刀具）

对应不同的被加工材料，有不同的内外刃主偏角和第二后角，如图5-12所示。有时，更为保证形成理想的切屑，会在枪钻的刃口设置断屑槽，图5-13是一种轴向及平行刃口断屑槽的示例。当然，这些容屑槽不一定是平行于切削刃的，正如在第2章整体硬质合金钻头部分和第4章可转位钻头中介绍，由于存在速度差，直径不同处的切削速度不同。在平行刃口断屑槽上设计成宽窄不一的槽型也是符合加工需要的（图5-14）。

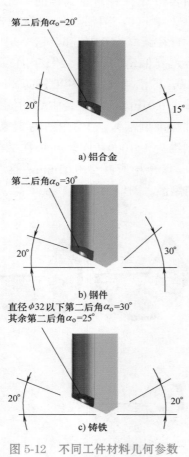

a) 铝合金

b) 钢件

直径$\phi32$以下第二后角$\alpha_o=30°$
其余第二后角$\alpha_o=25°$

c) 铸铁

图 5-12　不同工件材料几何参数

（图片来源：Star SU）

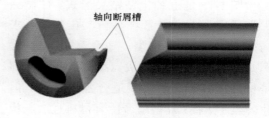

a) 轴向断屑槽

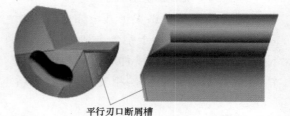

b) 平行刃口断屑槽

图 5-13　两种不同的断屑槽设计

（图片来源：Eldorado）

图 5-14　宽窄不一的断屑槽（图片来源：TBT）

■ **导条**

导条是枪钻上用来平衡切削力的重要因素。如果没有导条，枪钻会很容易钻偏。枪钻的"钻尖形式"，更多的就是指枪钻的导条配置方式。根据被加工工件的基本情况，许多枪钻生产商都会提供多种钻尖的选择。

图 5-15 是五种枪钻钻尖形式。G 型钻尖为通用型，适合各种材料，孔公差要求高；C 型钻尖为标准型，适合难加工材料，例如高合金钢；E 型钻尖、A 型钻尖和 D 都是特殊形式，其中 E 型适合各种材料，但孔公差要求高；A 型适合所有材料且加工状况不理想的情况；D 型适合加工灰铸铁。

还有其他三种钻尖形式，如图 5-16 所示。A 型钻尖推荐用于铝合金加工，EM 型钻尖用于加工钢件铸铁件和软材料；EA 型钻尖用于加工钢和铝、相交孔、倾斜孔；

S 型钻尖用于加工钢、公差要求高的孔和表面质量要求高的表面，最适合用于短孔加工。

■ **倒锥**

为了较少钻尖与孔壁的摩擦，枪钻的头部也经常需要设置一定的倒锥。

图 5-17 是三种常见倒锥的参数。左图的倒锥为 1:600，即沿轴向每向柄部移动 6mm，直径就减少 0.01mm，这个是比较大的倒锥，副偏角约为 2′52″；中图的倒锥为 1:800，即沿轴向每向柄部移动 8mm，直径就减少 0.01mm，这个是中等的倒锥（也是一种标准倒锥），副偏角约为 2′9″；右图的倒锥为 1:1000，即轴向每往柄部移动 10mm，直径相应减少 0.01mm，这个是比较小的倒锥，副偏角约为 1′43″。

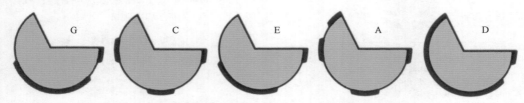

图 5-15　枪钻头部的五种形式（图片来源：钻领刀具）

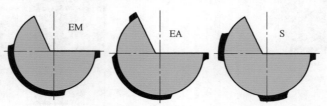

图 5-16　枪钻头部的三种形式（图片来源：BOTEK）

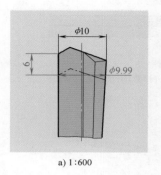
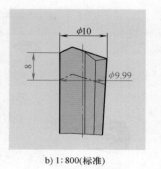
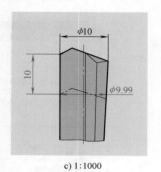

a) 1:600　　　　　　　　　b) 1:800(标准)　　　　　　　　c) 1:1000

图 5-17　不同的倒锥（图片来源：钻领刀具）

■ 切削液通道

枪钻钻尖部分的另一个要素是切削液通道。在枪钻的头部，切削液常见的输出通道有三种：单孔、双孔和腰形孔，如图 5-18 所示。单孔的头部刚性较好，但切削液可流通的面积小，切削液的压力损失大，对钻头刚性有利而对排屑不利；腰形孔则相反，腰形孔的头部刚性较差，但切削液可流通面积大，压力损失小，对排屑有利，而对钻头刚性不利。双孔则介于单孔和腰形孔之间。基于大部分枪钻选用时排屑及其重要，选用原则是在刚性允许下优先选用腰形孔，在刚性略显不足就可以用双孔结构，相对较浅的孔或排屑十分流畅时也可选用单孔。究竟该选用什么样的孔形，需要视具体情况而定。

■ 结构

大部分枪钻都是采用焊有硬质合金钻尖的结构。不过，其中大部分整个刀头都是

硬质合金的，即刀头是整体硬质合金的（图 5-19a）；还有一部分是钢制刀头上焊有硬质合金的刀片（图 5-19b）。

有一种冠齿式的枪钻如图 5-20 所示。冠齿式枪钻的导条一般设置在齿冠上，但也可以设置在钻杆上。

a) 单孔　　　b) 双孔　　　c) 腰形孔

图 5-18　不同的切削液输出孔

（图片来源：Star SU 和 BOTEK）

a) 整体硬质合金钻尖   b) 焊接刀片的钻尖

图 5-19　两种钻尖的结构（图片来源：钻领刀具和 BOTEK）

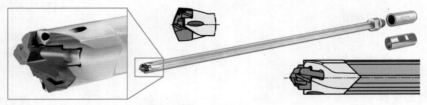

图 5-20　冠齿式枪钻（图片来源：伊斯卡刀具）

　　当然，也有可转位枪钻，如图 5-21 所示，其刀片结构如图 5-22 所示，这是一种三刃结构的刀片。图 5-21 中长条状的构件，是可装卸的导条。

　　泰珂洛可转位枪钻 TungDrillTRI，由于其特殊的刃口形状和理想的导条定位可进行较高精度的孔加工，因此可获得优异的圆柱度、直线度和表面质量（图 5-23）。

　　还有一种可转位枪钻采用了类似于平行四边形的刀片，在钻头刀片的内侧增加了一个

图 5-21　可转位枪钻（图片来源：泰珂洛）

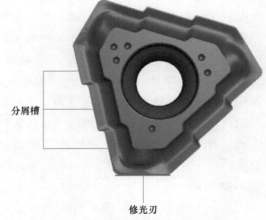

分屑槽

修光刃

图 5-22　可转位枪钻的刀片
（图片来源：泰珂洛）

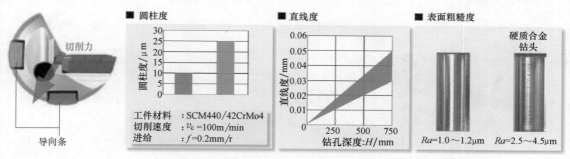

图 5-23　可转位枪钻优势（图片来源：泰珂洛）

刀垫，如图 5-24 所示。其特点是主切削刀片的底部有多齿的导向槽。通过更换刀垫，主刀片会沿着导向槽移动，使枪钻的直径发生改变。

　　可转位枪钻不仅有单刀片的形式，还有双刀片和三刀片形式（图 5-25 ～ 图 5-28）。这样，可转位枪钻就覆盖了 $\phi12 \sim \phi74.99$mm 较大的直径范围。

　　枪钻的钻尖多使用专用机床刃磨，具体由各枪钻生产厂家提供。

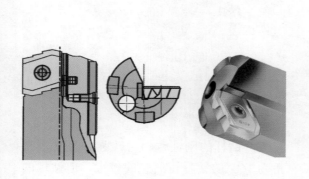

图 5-24　可转位枪钻结构
（图片来源：BOTEK）

图 5-25　可转位枪钻系列
（图片来源：BOTEK）

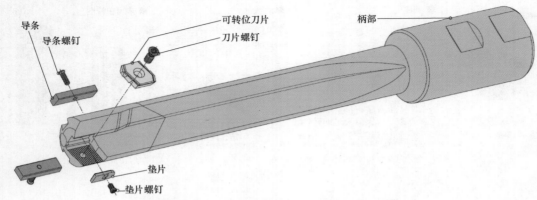

图 5-26　单刀片可转位枪钻结构（图片来源：BOTEK）

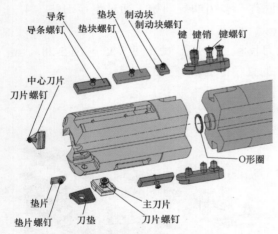

图 5-27　双刀片可转位枪钻头部结构
（图片来源：BOTEK）

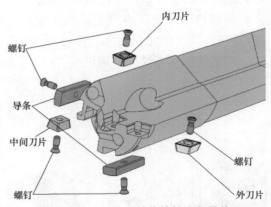

图 5-28　三刀片可转位枪钻头部结构
（图片来源：BOTEK）

▶ 5.2.2　钻杆

　　大部分单刃枪钻钻杆的截面如图 5-29 所示，主体是一个钢制的异形管。异形管两个平面之间的夹角通常在 110°～160° 之间。V 形夹角为 110° 的钻杆切削液的通道较大，钻杆的刚性也相对较强，而 V 形夹角为 160° 的钻杆排屑空间较大，但钻杆的刚性比较弱。

　　也有些单刃枪钻设计成其他的形状。图 5-30 是一些非 V 形钻杆。

不同的钻杆在刚性、切削液通道、排屑能力能各方面各有利弊，但就目前来看，大多还是采用了 V 形钻杆。

当然，如图 5-31 所示的双刃枪钻就不能采用 V 形钻杆了。

■ **钻杆与钻尖的连接**

◆ 焊接式和粘接式

大部分的枪钻的钻尖与钻杆都采用焊接的方式连接，两者之间采用 V 形的结合以增加焊缝抗扭转的强度。虽然图 5-32 是冠齿式或可转位的枪钻，但其头部的刀体与钻杆之间依然是采用焊接的方式。

之所以钻杆和钻尖刀体都是钢件还需要焊接，是因为钻杆一般都是用无缝钢管轧制而成，这样钻杆的制造成本和柔性都比较容易保证。

图 5-29　V 形钻杆（图片来源：燕山大学）

◆ 螺纹连接式

图 5-33 是用螺纹将枪钻钻尖与钻杆连接在一起的示例，这种连接方式并不多见，钻孔直径范围约为 $\phi16 \sim \phi50$mm。

■ **钻杆与刀柄的连接**

枪钻钻杆与刀柄的连接多采用焊接的方式，但也有采用胶水粘接的，这样刀柄就可以重复使用了。

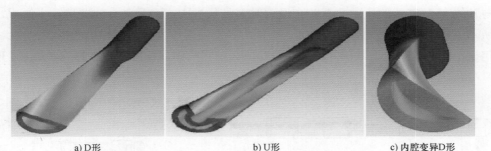

a) D形　　　　　　　b) U形　　　　　　　c) 内腔变异D形

图 5-30　几种不同的非 V 形钻杆（图片来源：燕山大学）

图 5-31　双刃枪钻（图片来源：TBT）

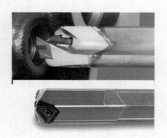

图 5-32　枪钻的 V 形焊缝（图片来源：伊斯卡）　　图 5-33　枪钻的螺纹连接（图片来源：Eldorado）

5.2.3　柄部

　　根据枪钻使用的场合不同，枪钻的柄部有很多种不同的形式。有些主要用于枪钻的专用机床，如图 5-34 所示（其中的斜削平与数控刀柄的 2° 不同，一般为 15°）。

　　但在加工中心上使用枪钻，常使用的还是圆柱柄（主要推荐用液压夹头来装夹枪钻，限于常规热装机的可装夹长度，大部分枪钻不适合使用热装刀柄）、削平圆柱柄和斜削平圆柱柄，这三种刀柄中的前两种与常规的整体硬质合金钻头没什么差别，这里不再重复，需要了解的请阅读本书第 2 章图 2-131 ～图 2-133 部分，下面简单介绍下斜削平圆柱柄。

　　斜削平圆柱柄如图 5-35 所示，我国标准号为 GB/T 6131.3，德国标准代号为 DIN1835E。这种与轴线有 2° 夹角的压力面能防止退刀时刀具从机床或刀具夹具的夹持孔中脱出，如图 5-35 所示。由于存在 2° 夹角，当俯瞰压力面时，会发现压力面呈现梯形的形状。

　　但这个压力面结构已从国际标准中去除，之前它的国际标准是 ISO 3338-3，由于取消了

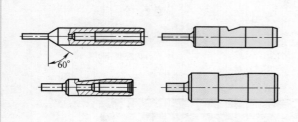

图 5-34　非数控加工枪钻刀柄
（图片来源：BOTEK）

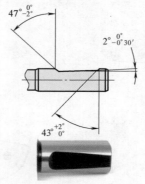

图 5-35　带 2° 压力面的刀柄（图片源自网络）

这个部分，这个标准号现行的标准是带螺纹的圆柱柄，而不再是带 2°倾斜压力面的圆柱柄，如果需要这种刀柄可与制造厂确认。

▶ 5.2.4　枪钻的使用

■ 枪钻的使用设备

以前常规的枪钻通常都需要在专用的机床（图 5-36）上使用，驱动部分在机床主轴单元的驱动下旋转，进给驱动则推着包括枪钻、主轴单元在内的活动部件向前运动，钻头通过容屑盒两端带有密封装置的接环进入切削区域，高压的切削液通过钻杆从钻尖头部涌出，裹挟着切屑由钻杆的 V 形槽排入容屑盒，从容屑盒的底部回收切屑和切削液。在使用这种方法加工时，靠近工件的那个接环与钻头外圆相接触的部分是一个导向装置，它能帮助枪钻在钻孔过程中不至跑偏。

而在数控机床（如加工中心）上使用枪钻则与在专机上有明显差别。在加工中心上使用枪钻如图 5-37 所示，它不再使用导套（不是不需要导套，而是在加工中心上让钻头在钻孔前通过一个导套很难安排），而是用一个引导孔来代替导套：预钻的引导孔直径略大于枪钻的基本尺寸，长度约 1.5 倍的直径，这样使后续进入加工状态的枪钻能将引导孔作为导套来使用。以枪钻上导条与引导孔导条的配合保证枪钻的直线进给。在枪钻进入引导孔时，应该关掉切削液并以较低的转速（<200r/min）和较低的进给速度（<500mm/min）缓慢进入，轴向基本到位（距孔底小于 1mm）时打开切削液，把转速和进给速度先后提高到预设值开始正常切削。钻完后先关闭切削液，然后快速退刀。

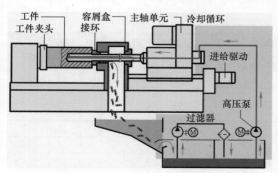

图 5-36　在专用设备上使用枪钻

（图片来源：钻领刀具）

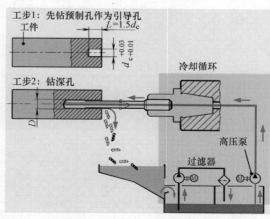

图 5-37　在加工中心上使用枪钻

（图片来源：钻领刀具）

■ 枪钻的切削液

枪钻在钻削过程中，切削液承受着排出切屑的重任，这一点与整体硬质合金钻头尤其是整体硬质合金深孔钻头、可转位钻头是相同的。切削液的流量和压力必须达到枪钻一定的要求。由于设计不同，不同厂商会有不同的要求，甚至同一厂商的不同型号的钻头也会有不同的要求。图5-38就是某两个系列的枪钻使用时对切削液的压力和流量的要求。

根据不同类型、不同直径、不同孔深等要求，BOTEK 110 型枪钻推荐的引导孔直径和深度见表5-1。例如，一个直径10mm 的枪钻需要钻深度为 300mm 的孔，其孔深为 30D（300mm=30×10mm），需要的引导孔为直径 $10^{+0.020}_{+0.010}$ mm，引导孔孔深为30mm。引导孔长度不足易造成枪钻挠曲、振动甚至折断，引导孔过大或过小都难以在导条和引导孔间生成油膜，易造成导条磨损。

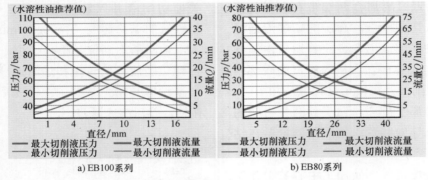

a) EB100系列 b) EB80系列

图 5-38 枪钻使用的切削液要求（图片来源：钻领刀具）

表 5-1 型号为 110 的引导孔推荐

简图	直径范围 D /mm	引导孔极限偏差 /mm	孔深约 10D	孔深约 20D	孔深约 25D	孔深约 30D	孔深约 35D	孔深约 40D
			引导孔深度 L					
	1.85～4.00	+0.010 +0.005	2D	3D	4D	6D	30mm	
	＞4.00～8.50	+0.020	1D	1.5D	2D	3D	35mm	
	＞8.50～12.00	+0.010	1D	1.5D	2D	3D		
	＞12.00～21.00		1D	1.5D				
	21.00～31.00	+0.040 +0.015	1D					
	31.00～41.00		1D					
	41.00～55.00		1D					

■ **枪钻的磨损**

枪钻的磨损与一般的整体硬质合金钻头的磨损很类似（图 5-39），也可以对比下主要部位磨损前后的情况（后面见图 5-40、刃带磨损面见图 5-41、前面磨损见图 5-42），但由于枪钻有导条，就又增加了一种磨损形式（图 5-43）。一般数控加工中枪钻用的切削液中应有极压添加剂，以保证在高压下在导条与起导套作用的引导孔间形成油膜，防止干磨。因此在油膜存在的前提下不应发生导条磨损。导条的形状尺寸、引导孔的尺寸、切削液的成分都会影响油膜的形成。

a) 前面磨损	b) 刃带磨损	c) 外缘转角磨损

图 5-39　枪钻切削部分的磨损（图片来源：钻领刀具）

a) 磨损前	b) 磨损后

图 5-40　后面磨损（图片来源：Star SU）

a) 磨损前	b) 磨损后

图 5-41　刃带磨损（图片来源：Star SU）

a) 磨损前	b) 磨损后

图 5-42　前面磨损（图片来源：Star SU）

图 5-43　导条磨损（图片来源：Star SU）

5.3 单管内排屑深孔钻

有一种单管内排屑深孔钻与枪钻的结构非常类似。单管内排屑深孔钻的切屑不再沿沟槽排出，而是从这种钻头的内孔管道中排出。而切削液也由管内提供改成了由供油器提供。图 5-44 是单管内排屑深孔钻原理图。供给的切削液（浅绿色）由供油器（紫色）灌入钻杆（蓝色）与工件已加工表面或导套的缝隙，经过刀片间的缝隙，与切屑混合成回油（深绿色），从钻削头（橙色）内孔通过钻杆内孔排出，图中红色箭头为切削液的流动方向。这类钻头早期由国际深孔加工协会（Boring and Trepanning Association）推出，所以也称 BTA 钻头。

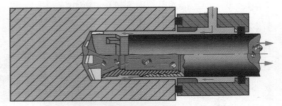

图 5-44 单管内排屑深孔钻原理图
（图片源自网络）

图 5-45 是几种单管内排屑深孔钻，由图可以看出，这类钻头有焊接的，也有可转位的；有端面单排屑孔的，也有双面排屑孔的。对照该图和图 5-27、图 5-28，可发现其刀片形式及布置方式也非常一致。

同样，图 5-46 所示的单管内排屑深孔钻中偏左的两个产品，其主切削刀片与

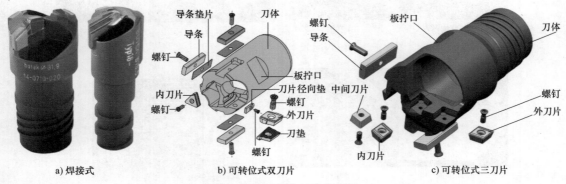

a) 焊接式　　　　　b) 可转位式双刀片　　　　　c) 可转位式三刀片

图 5-45 单管内排屑深孔钻（图片来源：BOTEK）

图 5-21 中的可转位枪钻（图 5-21 右下就是这种单管内排屑深孔钻）相同，也就是说图 5-22 的可转位刀片既能用于可转位的枪钻，也能用于可转位的单管内排屑深孔钻。

单管内排屑深孔钻与枪钻很类似的另一个点是，对切削液的压力、流量都有一定的要求，并且也是不同品牌不同型号的钻头会有不同的要求，选择和使用前务必咨询相关生产厂商。图 5-47 就是一种型号为 70 的可转位单管内排屑深孔钻在给定条件下对主轴功率、进给力参考值和切削液压力、流量需求。

图 5-46　单管内排屑深孔钻
（图片来源：伊斯卡）

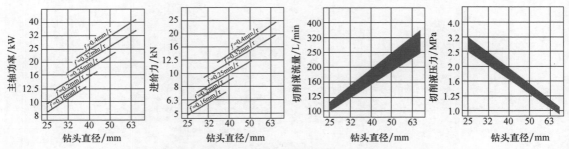

图 5-47　型号 70 单管内排屑深孔钻参数图（图片来源：BOTEK）

5.4　单管外排屑深孔钻

5.4.1　单管外排屑深孔钻概述

图 5-48 是一种单管外排屑深孔钻（HTS）。HTS 的排屑模式比较接近枪钻，它是从中心的管子内灌入切削液，而裹挟着切屑的切削液则是从管子外径与已加工孔的空间中排出。

HTS 的中间有高速钢或硬质合金的定心钻，左右两侧各有一个刀座。其中，一个刀座的径向位置较接近外径，称为外刀座，而另一个刀座的径向位置较接近孔和钻头的轴线，称为内刀座。这两个刀座各有一组刀片（图中一组为 2 片，也有一组为 3 片的），但并不是外刀座上的都是外刀片，内刀座上的都是内刀片。如图 5-48 中的 4 个刀片，最外侧的刀片和次内侧的刀片在外刀座，而次外侧和最内侧的刀片在内刀座。4 个刀片加上中心钻才构成完整的切削刃。通过调整外刀座的径向位置，就可以达到调整钻孔直径的目的。

图 5-49 是单孔外排屑深孔钻体系，适

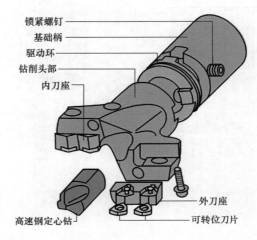

图 5-48　单孔外排屑深孔钻（图片来源：肯纳金属）

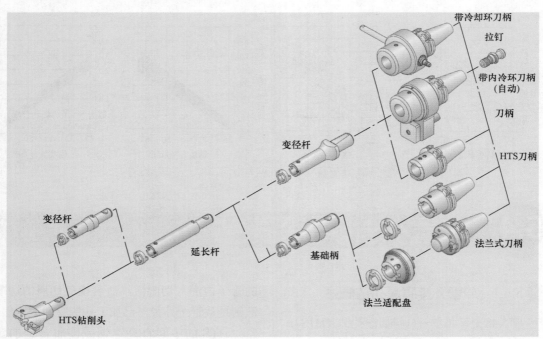

图 5-49　单孔外排屑深孔钻体系（图片来源：肯纳金属）

合许多加工环境的要求。例如，将 HTS 钻削头、延长杆、变径杆、带内冷环刀柄以及拉钉组成一套 HTS 钻头带内冷功能的（图 5-50），可以在没有内冷却的机床上使用需要，其中将外冷转换成内冷的工作由"带内冷环刀柄"来完成。

2）HTS 不可以在斜面上钻通孔。否则，在进刀或出刀时必须预先加工一平面，以免切削力过于不平衡（图 5-51b）。

▶ 5.4.2　单孔外排屑深孔钻的使用

1）用 HTS 钻头可以在没有预定心的平面上钻孔，但不适宜在中心凸起或有较大中心孔的平面上钻孔。如已有中心孔，则原有中心孔必须比 HTS 中心的小钻头直径小得多（图 5-51a）。

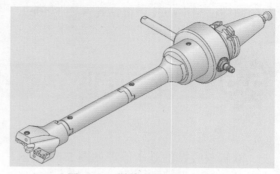

图 5-50　组装后的 HTS 实例
（图片资料来源：肯纳金属）

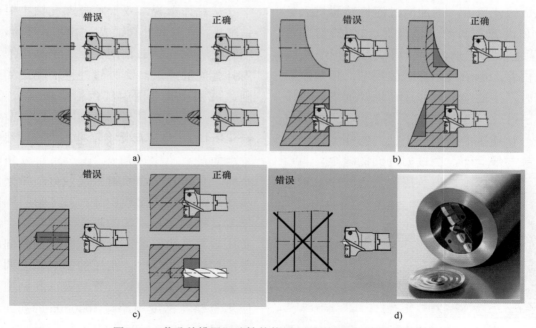

图 5-51　单孔外排屑深孔钻的使用（图片来源：肯纳金属）

3）HTS 钻头不适合用于扩孔。建议先用 HTS 钻头钻直径较大的孔。随后再用常规钻头或较小的 HTS 钻头钻较小的孔。可在导向钻钻出中心孔后再钻孔（图 5-50c）。

4）因为即将钻通时会产生一个薄片，所以不能用 HTS 钻头钻多层板（首个薄片就无法去除），（图 5-50d）。

5.5 双管喷吸钻

双管喷吸钻的基本原理如图 5-52 所示。喷吸钻主体由图中浅蓝色的外管、深蓝色的内管、带有黄色刀片的深黄色的钻削头组成。使用时，进油通过连接装置进入外管和内管之间的进油通路，1/3 的切削液（紫色箭头）从内管四周的月牙形喷嘴喷入内管。由于月牙形缝隙很窄，切削液喷出时产生的喷射效应能使内管理形成负压区。另 2/3 切削液（红色箭头）经过由螺纹与外管连接的钻削头上径向的孔输送到切削头与导套间，经过刀片间的缝隙，与切屑混合成回油，被负压吸入内管中，迅速

向后排出，排屑效果很强。在孔深相对较短时，使用同样多的切削液双管喷吸钻的排屑效果比单管内排屑系统要好。

从总体上说，双管喷吸深孔钻主要由钻削头、内管和外管组成，如图 5-53 所示。双管喷吸深孔钻的钻削头上有供钻削液从内外管间的通道转到外管外继而输送到切削区域的小孔（图中红色箭头所指），而内管的后部则有月牙形的喷嘴（图中蓝色箭头所指），月牙形喷嘴不是与内管轴线平行，而是有一个夹角 θ（图 5-54）。θ 角较小时，负压较大，喷射效果较好，带来的吸切屑的作用就比较明显；月牙形喷嘴的槽宽及槽的面积、槽的轴向位置等都会对负压效果产生影响。月牙形喷嘴的轴向位置离切削区较远时，负压的影响就会明显减弱，因此通常建议双管喷吸深孔钻主要应用于钻孔深度不超过 1000mm 的孔。当孔深超过 1000mm 时，由于切削液有约 1/3

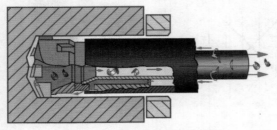

图 5-52　双管喷吸钻的基本原理

被分流至月牙形槽的切屑抽吸系统，而抽吸负压不足，难以起到抽吸作用，这时的排屑效果会反而不如单管内排屑深孔钻。

图 5-55 是几种双管喷吸深孔钻，这类钻头有焊接式的，也有可转位的；有端面单排屑孔的，也有双面排屑孔的，与单管内排屑深孔钻很像。将图 5-55 和图 5-26、图 5-27 对照，也可以发现其刀片形式及布置方式也非常一致。就切削部分而言，单管内排屑深孔钻与双管喷吸深孔钻外观上主要的差别就是双管喷吸深孔钻有一组径向的小孔（图 5-55 中红圈所示），切削液可以从内外管之间通过小孔输送到外管之外。

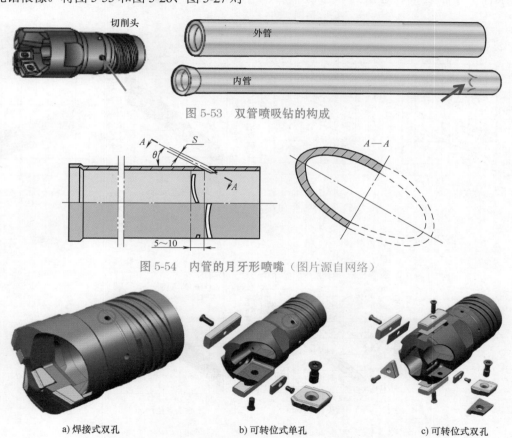

图 5-53　双管喷吸钻的构成

图 5-54　内管的月牙形喷嘴（图片源自网络）

a) 焊接式双孔　　　　　b) 可转位式单孔　　　　　c) 可转位式双孔

图 5-55　双管喷吸深孔钻（图片来源：BOTEK）

双管喷吸深孔钻与枪钻及单管内排屑深孔钻另一个相似点是对切削液的压力、流量都有一定的要求，并且也是不同品牌不同型号的钻头会有不同的要求，选择和使用前务必咨询相关生产厂商。图 5-56 就是某型号为 60 的可转位双管喷吸深孔钻在给定条件下主轴功率、进给力参考值和切削液压力、流量需求。图 5-57 是两种深孔钻切削液对比（分别是图 5-46 和图 5-56 的第三个图），可以发现双管喷吸钻的切削液流量需求比单管内排屑钻要低，这也印证了之前所介绍的在孔深相对较短时，使用同样多的切削液双管喷吸钻的排屑效果比单管内排屑系统要好。

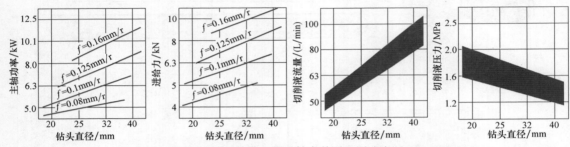

图 5-56　型号 60 的双管喷吸深孔钻参数图（图片来源：BOTEK）

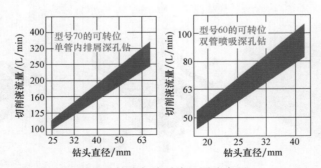

图 5-57　两种深孔钻冷却液对比（图片来源：BOTEK）

5.6 单管双向喷吸钻

有一种被称为 DF（Double-feeder System）的单管双向喷吸深孔钻系统[一]，它的前部结构与单管内排屑深孔钻一样，而在钻杆末端则借鉴双管喷吸钻的原理，专门设置了产生负压作用的喷嘴，将推吸排屑结合，大大提高了排屑能力。DF 系统的原理如图 5-58 所示。

仅就钻头本身而言，DF 钻与单管内排屑深孔钻没有区别，因此本书不再介绍。

它的特别之处就是尾端增加的切削液输入系统，利用尾端供油器（紫红色）内的外锥形喷嘴（图中青紫色）和内锥形接油口形成的缝隙，与双管喷吸钻类似有 1/3 的切削液被分流而形成负压，帮助切屑顺利排出。这种 DF 钻的适用加工的直径范围与单管内排屑深孔钻相同，而适用的长度则与双管喷吸钻相同。

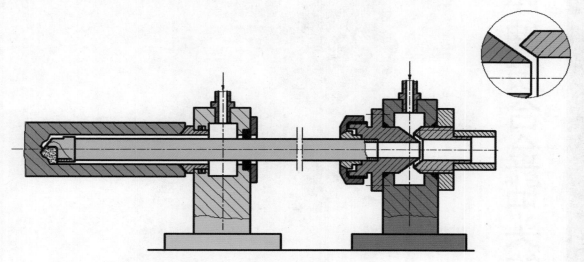

图 5-58　单管双向喷吸钻 DF 系统原理（图片来源：中北大学）

[一] 日本冶金股份有限责任公司发明。

6

整体硬质合金钻头的使用

6.1 整体硬质合金钻头选用实例

图 6-1 是某发动机的连杆示意图，图中的连杆包括了连杆体和连杆盖两个部分。连杆体与连杆盖用螺栓联接，其构成的较大圆孔（左图两条红线之间，俗称"大头孔"）用来套在曲轴上，另一端的较小圆孔用来套在活塞销上（俗称"小头孔"）。这两个孔的加工不在本书的讨论范围中，本书要讨论的是在大头孔的两侧用于连接连杆体和连杆盖的螺栓孔（图中红线所示位置，以下简称"螺栓孔"）的钻头选用，以及在大头孔和小头孔之间的一个油孔（图中绿线所示位置，以下简称"油孔"）的钻头选用，图 6-2 是与这两个工序钻孔有关的图样。已知的条件是：该曲轴零件材料是C70S6（德国牌号），加工机床是三主轴立式四轴联动加工中心，机床带内冷却，内冷压力 2MPa，属于大批量生产，加工节奏快，加工时间精确到秒。

6.1.1 螺栓孔钻头的选用

螺栓孔的部分分成三段直径，分别是$\phi 9$（M10×1 螺纹底孔）、$\phi 10.2$ 孔及 $\phi 10.7$孔。如果不是大批量生产，可按直径、孔深的集合要求和工件材料、机床夹具等条件来选取，这与 6.1.2 的中心油道孔钻头类似，可以参照"中心油道孔钻头选用"。但这中间还需要考虑几个倒角的需要，对于汽车零部件这类大批量生产而言，在经济性上是非常不合适的。因此，建议使用非

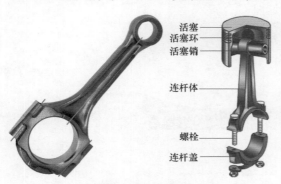

图 6-1　某连杆示意图（图片源自网络）

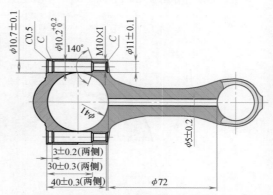

图 6-2　连杆钻孔加工简图（图片来源：阿诺）

标特殊钻头，高效率地、经济地完成钻孔任务。

■ 确定加工方案

该零件属于大批量生产，加工时间紧。钻头设计时，为尽最大可能缩短加工时间，钻头复合程度要高；钻头形式选择上，从加工的孔径都比较小，都在直径 $\phi12\text{mm}$ 以下，基本上排除了可转位钻头或冠齿钻，建议采用整体硬质合金的材料的钻头。整体硬质合金钻头又有直槽、麻花两种形式，鉴于加工材料是合金钢类，如采用直槽钻加工时切屑会很难排出，只能选用麻花钻的形式。

加工方案包括以下几把刀具：

1）将连杆上 $\phi10.7\text{mm}$ 和 $\phi10.2\text{mm}$ 的孔及孔口 $C0.5$ 倒角用一把复合钻头加工，这样设计既达到了加工节奏要求，又保证了加工产品的质量。

2）螺纹底孔 $\phi9\text{mm}$ 的加工，可以直接设计成一把没有阶梯的麻花钻，选择时需要注意上孔 $\phi10.7\text{mm}$ 和 $\phi10.2\text{mm}$ 的干涉长度 30mm，钻头的排屑槽应加长 30mm 以上。

3）加工螺纹孔 $M10\times1$ 的出口沉孔部分，要使用扩孔钻。

◆ 复合钻头

使用复合钻头加工的工序简图如图 6-3 所示，钻头如图 6-4 所示。

阶梯钻还有一个特点：当第二个台阶的深度较深时，由于这一部分刃口内外径相差不像标准钻孔那样悬殊（标准钻头接近钻芯处因直径几乎为零而切削速度几乎为零），切削刃上的速度差小，切屑的横向卷曲不会很强烈，切屑折断比较困难，易于产生长的带状切屑。另一方面，由于大部分阶梯钻的钻孔部分和扩孔部分（即台阶部分）共用一个容屑槽（图 6-5），钻孔切屑与扩孔切屑需要通过同一沟槽排出，扩孔部分（即台阶部分）不易折断的带状

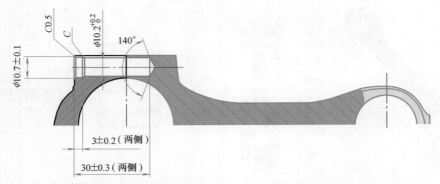

图 6-3　连杆阶梯孔加工简图（图片来源：阿诺）

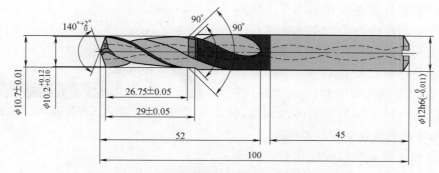

图 6-4 阶梯钻简图（图片来源：阿诺）

图 6-5 常见阶梯钻简图（图片来源：网络）

图 6-6 多槽阶梯钻及其截面形态
（图片来源：阿诺）

切屑极易堵塞主切削刃的沟槽，从而妨碍钻孔部分的排屑。结果常是钻头被拧断。如果钻孔部分的断屑原本就不够理想，那么就更容易发生切屑缠绕。

为了避免出现这种缠屑现象，阶梯钻采用了阶梯部分设置独立容屑槽的结构。这种被称为多槽阶梯钻的结构及其剖面如图 6-6 所示。由于容屑槽中存在直壁能起到断屑台的作用，略有横向卷曲的切屑碰到这个直壁型断屑台就会受其约束而发生强烈卷曲，因而折断。

◆ 螺纹底孔钻头

螺纹 M10×1 的底孔直径为 $\phi9mm$，其加工简图如图 6-7 所示，其钻头如图 6-8 所示。

虽然这支钻头的有效钻孔深度仅 11mm，但需要考虑之前加工的 $\phi10.7mm$ 和 $\phi10.2mm$ 的干涉长度 30mm，再加上对重磨长度，建议该钻头的排屑槽长度为 60mm。

关于螺纹底孔钻头与阶梯钻两者的加工顺序，从加工原理方面看先加工谁都可以，但推荐先加工阶梯孔。其加工顺序的确定主要是考虑断屑、排屑问题，而不是像可转位钻头那样多考虑切削力平衡的问题。如果把钻螺纹底孔头放在钻阶梯孔之前，螺纹底孔钻头的实际排屑长度就需要比较长；而将钻螺纹底孔后移，当切屑被排到已钻出的阶梯孔部分时，$\phi 10.2$mm 孔与 $\phi 9$mm 钻头外径之间的空间可作为容屑空间，从而使排屑的安全性得到改善。

　　另一方面，如果先钻螺纹底孔，阶梯钻钻孔时只有接近 $\phi 10.2$mm 的约 0.6mm 宽的部分参与切削，切屑的横向卷曲非常弱，如同阶梯钻的扩孔部分，断屑会非常困难；而先钻阶梯孔就不会有类似问题。

　　还有一个方法是将螺纹底孔 $\phi 9$mm、$\phi 10.2$mm 和 $\phi 10.7$mm 三段钻头整合在一支钻头上形成三阶梯钻，这种三阶梯钻的方案会比现在的分成两支钻头的方案效率更高。但多槽阶梯钻（图 6-6）加工比较困难，空间局促难以安排，会造成排屑困难，这会给生产的稳定性带来不利影响，故不采用多槽结构。

◆ 背面沉孔

　　螺纹孔 M10×1 的背面处口沉孔部分（加工简图见图 6-9）的方案是在钻孔之后再进行扩孔，所用刀具从类别而言不属于钻头而属于扩孔刀具，不在本书的介绍范围内，故本书不介绍。

▶ 6.1.2　中心油道孔钻头的选用

连杆中心油道孔加工简图如图 6-10 所示。

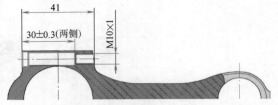

图 6-7　螺纹底孔工序简图（图片来源：阿诺）

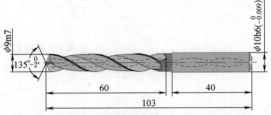

图 6-8　螺纹底孔钻头简图（图片来源：阿诺）

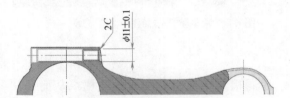

图 6-9　螺纹底孔钻刀具简图（图片来源：阿诺）

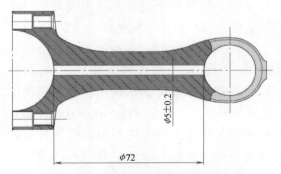

图 6-10　连杆中心油道孔加工简图
（图片来源：阿诺）

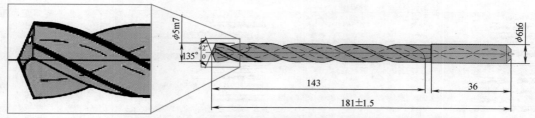

图 6-11　连杆中心油道孔加工简图（图片来源：阿诺）

可以看到，该油道孔直径 ϕ5mm，钻深接近其 15 倍，属于深孔钻削。建议使用整体硬质合金钻头，如图 6-11 所示。

这种钻头的主体结构采用了双螺旋槽，主要钻孔部分的每一刃瓣上设置 2 个刃带，形成 4 刃带结构，钻孔时刃带在孔壁上得到充分的支撑，钻头使用时的刚性就变得较好，这对于保证孔的圆柱度是非常有利的（图 2-105 和图 2-107）。

由于深孔钻的刚性较差，又是在 ϕ41mm 的弧面上钻入，影响定心的稳定性。因此，可参考同本书 5.1 所介绍的先钻引导孔方案。为了进一步改善钻入的稳定性，还建议在 ϕ41mm 的弧面上先用一个直径大于 ϕ5mm 的立铣刀加工一个小平面，然后用一个长径比为 5 的整体硬质合金钻头钻引导孔，之后再用图 6-11 所示的钻头来完成中心油道孔的钻削。

以苏州阿诺高性能钻头样本（图 6-12）为例，ϕ5mm、长径比为 5 的整体硬质合金钻头的选用方法如下：在样本第 2 页～第 3 页（图 6-13）上，找到适合加工钢件的 2

刃、螺旋槽（样本称为麻花）、精加工（即带有 4 刃带结构）、钻深 5D 的带内冷整体硬质合金麻花钻，得知其直径范围为 ϕ5.00～ϕ20.00mm（本例直径 ϕ5mm 在此范围内），详细资料在样本第 31 页。

经查，C70S6 材料中各化学成分质量百分比分别为：C0.72%，Mn0.5%，S0.06%，P0.009%，V0.04%；其金相组织为珠光体加断续的铁素体，抗拉强度为 900～1050MPa，屈服极限为 520MPa，最大延伸率为 10%。Mn 作为强化项而存在，用以提高材料的强度。

图 6-12　高性能钻头样本
（图片来源：阿诺）

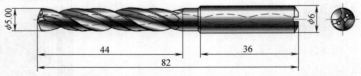

类型	订购代码	冷却方式	制造标准	直径范围	页码
2刃，麻花，3xD					4
	PF-H80003	外冷	参考DIN6537	3.00-20.00	
	PF-H80103	内冷	参考DIN6537	3.50-20.00	
2刃，麻花，5xD					10
	PF-H80005	外冷	参考DIN6537	3.00-20.00	
	PF-H80105	内冷	参考DIN6537	3.50-20.00	
2刃，麻花，8xD					16
	PF-H80008	外冷	AHNO	4.00-20.00	
	PF-H80108	内冷	AHNO	4.00-20.00	
2刃，麻花，12xD					17
	PF-H80112	内冷	AHNO	4.00-16.00	
2刃，麻花，3xD					18
	PF-H81003	外冷	参考DIN6539	3.00-20.00	
2刃，麻花，5xD					22
	PF-H81005	外冷	AHNO	3.00-16.00	
2刃，麻花，精切，3xD					26
	PF-H88103	内冷	参考DIN6537	5.00-20.00	
2刃，麻花，精切，5xD					31
	PF-H88105	内冷	参考DIN6537	5.00-20.00	
3刃，麻花，5xD					36
	PF-H83005	外冷	参考DIN6537	5.00-20.00	
	PF-H83105	内冷	参考DIN6537	5.00-20.00	
3刃，麻花，5xD					38
	PF-H85005	外冷	AHNO	3.00-16.00	
2刃，直槽，4xD					42
	PF-H70004	外冷	AHNO	3.00-20.00	
	PF-H70104	内冷	AHNO	3.50-20.00	
2刃，直槽，7xD					45
	PF-H70007	外冷	AHNO	4.00-20.00	
	PF-H70107	内冷	AHNO	4.00-20.00	
2刃，直槽，10xD					47
	PF-H70110	内冷	AHNO	4.00-16.00	
2刃，直槽，15xD					49
	PF-H70115	内冷	AHNO	5.00-12.00	
2刃，直槽，精切，4xD					50
	PF-H77104	内冷	AHNO	3.50-20.00	
2刃，直槽，精切，7xD					53
	PF-H77107	内冷	AHNO	4.00-20.00	
2刃，非心钻，90°					55
	PF-D60090	外冷	参考DIN6539	5.00-20.00	
2刃，定心钻，120°					56
	PF-D60120	外冷	参考DIN6539	5.00-20.00	
2刃，直槽，强力钻，3xD					57
	PF-H89003	外冷	参考DIN6539	4.00-20.00	
	PF-H89103	内冷	参考DIN6539	4.00-20.00	
2刃，强力钻，3xD					58
	PF-H89203	外冷	参考DIN6539	4.00-20.00	
2刃，强力钻，3xD					59
	PF-H89403	外冷	参考DIN6539	4.00-20.00	
2刃，铝合金专用，5xD					60
	PF-N82005	外冷	参考DIN6537	3.00-20.00	
	PF-N82105	内冷	参考DIN6537	3.50-20.00	
2刃，铝合金专用，8xD					66
	PF-N82008	外冷	AHNO	4.00-20.00	
	PF-N82108	内冷	AHNO	4.00-20.00	
2刃，铸铁专用，3xD					67
	PF-G84003	外冷	参考DIN6537	3.00-20.00	
	PF-G84103	内冷	参考DIN6537	3.50-20.00	
2刃，铸铁专用，5xD					73
	PF-G84005	外冷	AHNO	3.00-20.00	
	PF-G84105	内冷	AHNO	3.50-20.00	
2刃，不锈钢专用，3xD					79
	PF-M86003	外冷	参考DIN6537	3.00-20.00	
	PF-M86103	内冷	参考DIN6537	3.50-20.00	
2刃，不锈钢专用，5xD					85
	PF-M86005	外冷	AHNO	3.00-20.00	
	PF-M86105	内冷	AHNO	3.50-20.00	
2刃，麻花，精切，5xD					31
	PF-H88105	内冷	参考DIN6537	5.00-20.00	

图 6-13 某高性能钻头样本目录页（图片来源：阿诺）

图 6-14 钻头 PF-H881050500 主要尺寸（图片来源：阿诺）

翻到样本的第 31 页（图 6-14、图 6-15），看到 PF-H881050500 钻头用于结构钢、合金钢、灰铸铁、球墨铸铁、有色金属等常见材料的加工；定心能力强，能获得稳定的尺寸精度和良好的表面质量；适用于加工系统刚性优异的场合，符合本加工任务的需求。

整体硬质合金麻花精切钻5×D

制造特点：

1. 尺寸形式　参考DIN6537标准制造
2. 横刃修正　F形，AHN0标准
3. 主刃顶角　140°
4. 排屑槽形　特殊设计，便于排屑
　　　　　　双棱边(铰削功能)
5. 刃径公差　h7
6. 柄径型式　参考DIN6535HA h6
7. 表面处理　超H涂层

使用特点：

　　用于结构钢，合金钢，灰铸铁，球墨铸铁，有色金属等常见材料的加工；定心能力强，能获得稳定的尺寸精度和良好的表面质量；适用于加工系统刚性优异的场合。

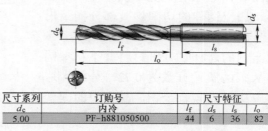

尺寸系列	订购号	尺寸特征			
d_c	内冷	l_f	d_s	l_s	l_o
5.00	PF-h881050500	44	6	36	82

📖 93 切削参数
📖 104 柄部型式
📖 106 涂层种类

图 6-15　PF-H88105 系列钻头描述（图片来源：阿诺）

根据描述，到第 93 页（图 6-16）查找该刀具的切削参数。

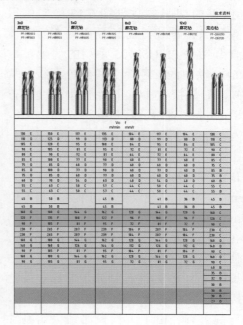

图 6-16　阿诺样本切削参数页（图片来源：阿诺）

把图 6-16 中长径比为 5 的整体硬质合金钻头、加工钢件的切削参数部分摘录出来，如图 6-17 所示。

此案例的连杆 C70S6 材料并不在举例之中。从碳的质量分数为 0.72% 分析，这个材料较接近高碳合金钢，与表中的碳素结构钢 65 钢比较接近；根据其抗拉强度 900 ~ 1050MPa，又与 42CrMo 比较接近（42CrMo 抗拉强度要求为大于 1080 MPa）。实际初始加工的切削参数应参照两者，高于 65 钢又低于 42CrMo 钢。65 钢的切削参数见图 6-17 横向的蓝色箭头和蓝色框线，42CrMo 钢的切削参数见图 6-17 横向的绿色箭头和绿色框线，而长径比为 5 的整体硬质合金钻头 PF-H88105 系列的切削参数见图 6-17 纵向的红色箭头和红色框线。从中可知，如果按 65 钢，初始切削速度推荐值为 81m/min，进给量为 E 组（参见图 6-18，直径为 ϕ5mm 时为 0.10mm/r）；而按 42CrMo 钢，初始切削速度推荐值为 77m/min，进给量为 D 组（参见图 6-18，直径为 ϕ5mm 时为 0.09mm/r）。因此，建议初始切削速度推荐值为 79m/min，进给量为 0.09 mm/r。

在长径比为 5 的引导孔加工完成之后，可以使用图 6-11 所示的连杆中心油道孔钻头。长径比为 15 的油孔钻属于非标定制钻头，切削速度和进给量在样本上并未推荐，需向厂商咨询。由于大长径比钻头的刚性比标准钻头要差不少，起始切削速度的推荐值应该会比标准钻头更低。

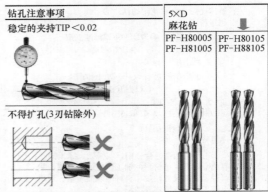

钻孔注意事项
稳定的夹持TIP <0.02

不得扩孔(3刃钻除外)

加工材料组 ISO	被加工材料	材料举例 中国		v_c /(m/min)			
	易切钢	Y12, Y15Pb	117	E	135	E
		Y35, Y40Mn	99	D	113	D
	碳素结构钢	Q235A, Q275	95	E	108	E
		35#, 45#	81	E	95	E
1.P 钢		55#, 65#	72	E	81	E
	合金结构钢	20Cr, 20CrMo	77	E	90	E
		40Cr, 42CrMo	68	D	77	D
	模具钢	Cr12, Cr12MoV1	77	D	90	D
		CrWMn, 3CrW8V	68	D	77	D
	工具钢	9SiCr, Cr2	54	D	63	D
	铁素体不锈钢	0Cr13Al, 1Cr17	50	C	57	C
	马氏体不锈钢	2Cr13, 1Cr17Ni2	50	C	57	C

图 6-17　5D 钢件切削参数页（图片来源：阿诺）

钻头切削参数（推荐）

	进给量 /(mm/r)							
	A	B	C	D	E	F	G	H
3.0	0.03	0.04	0.05	0.06	0.08	0.10	0.12	0.15
4.0	0.04	0.05	0.06	0.08	0.10	0.12	0.15	0.18
5.0	0.05	0.06	0.07	0.09	0.10	0.12	0.16	0.18
6.0	0.05	0.07	0.08	0.10	0.12	0.15	0.18	0.20
8.0	0.06	0.08	0.10	0.12	0.15	0.18	0.20	0.25
10.0	0.08	0.10	0.12	0.15	0.18	0.20	0.25	0.30
12.0	0.10	0.12	0.15	0.18	0.20	0.25	0.30	0.35
16.0	0.12	0.15	0.18	0.20	0.25	0.30	0.35	0.40
20.0	0.15	0.18	0.20	0.25	0.30	0.35	0.40	0.50

（表左侧纵向标注：直径/mm）

图 6-18　进给分组参数（图片来源：阿诺）

6.2 整体硬质合金钻头的修磨

6.2.1 磨损极限

为了延长刀具寿命，整体硬质合金钻头一般可重磨和重涂层。可重磨次数取决于孔的公差要求、工件材料、钻头尺寸、长度和钻头磨损等多种因素。通常，整体硬质合金钻头可以重磨 3 ~ 5 次。

为了确保钻头的应有的性能，一般应尽量保持原始几何形状。

重磨前的钻头磨损量不应超过极限值（见图 6-19、表 6-1）。如果刃带磨损量超出推荐的极限值或有较大的崩刃，可能就需要切短钻头，这使得重磨后的钻头短很多，这也会减少原来的可刃磨次数。如果钻头磨损太大或者崩刃太大，也可能不能进行重磨。

刚重磨完的刃口虽然前面依然有涂层，但后面没有涂层，这会降低后面的耐磨性，较易产生磨料磨损。因此，建议在重磨之后再重新做涂层。

为使重磨后的钻头恢复原始性能，应把钻头送到原厂的或原厂认可的专业修磨中心进行重磨。

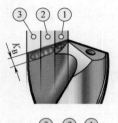

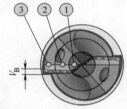

图 6-19 钻头磨损极限示意图
（图片来源：山特维克可乐满）

表 6-1 重磨前的磨损极限

钻头直径 /mm	后面磨损, V_B/mm			月牙洼磨损, K_B/mm		
	1区	2区	3区	1区	2区	3区
$\phi3 \sim \phi6$	0.20			0.20		
$> \phi6 \sim \phi10$	0.20	0.25		0.25		
$> \phi10 \sim \phi14$	0.25			0.30		
$> \phi14 \sim \phi17$	0.25	0.30		0.30		
$> \phi17 \sim \phi20$	0.30	0.35		0.35		

⊚ 6.2.2 刃磨参数

有些整体硬质合金钻头的厂商会提供其钻头重磨的主要几何参数，图6-20就是瓦尔特刀具商提供的其带内冷却孔的B1421/B1422钻头和不内冷却孔的B1420/B1520钻头的重磨参数图。

图6-20中的放大图Z中的"刃磨不倒角"为视图中刃口的箭头所指的细线部分不倒棱；红色感叹号是与刃磨与内冷却孔位置有关的结构：对于有内冷却孔的钻头，刃磨后第二后面（图中灰色）上的内冷却孔至少需要占孔面积的30%，当然整个内冷却孔全部在图中灰色的第二后面上也没有问题（内冷却孔在第二后面上的比例越大，钻头后面冷却润滑越充分；内冷却孔在黄色面上的比例越小，排屑的压力越大）；对于没有内冷却孔的钻头，"红色感叹号"处的角度应保证达到62°。表6-2是该厂商提供的重磨参数表，需要将这些参数提供给专业的刃磨厂商或自己输入刃磨机床以保证刃磨的正确性。

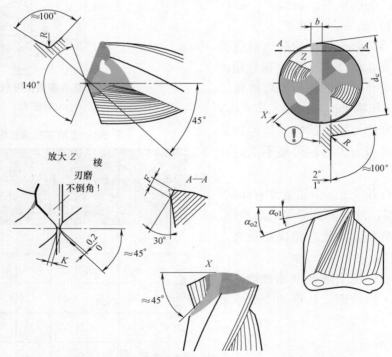

图6-20　钻头重磨参数图（图片来源：瓦尔特刀具）

表 6-2　钻头重磨参数表

d_c/mm	后角		第一后面宽度 b/mm	横刃 K/mm	圆弧 R/mm	倒角 F/mm
	$α_{o1}$	$α_{o2}$				
3.0	13°	20°	0.54	0.065	0.230	0.035
4.0	12°	20°	0.67	0.085	0.260	0.045
5.0	12°	20°	0.79	0.085	0.285	0.055
6.0	11°	20°	0.90	0.115	0.310	0.060
8.0	10°	20°	1.12	0.155	0.365	0.080
10.0	9°	20°	1.32	0.195	0.420	0.095
12.0	9°	20°	1.51	0.235	0.475	0.110
14.0	9°	20°	1.69	0.275	0.530	0.120
16.0	8°	20°	1.87	0.310	0.580	0.135
18.0	8°	20°	2.04	0.350	0.635	0.145
20.0	8°	20°	2.20	0.390	0.690	0.160
22.0	8°	20°	2.36	0.430	0.745	0.170
25.0	7°	20°	2.60	0.495	0.825	0.190

▶ 6.2.3　刃磨质量

刃磨的质量对钻头的使用性能有很大的影响，在前面介绍钻头的失效时已经谈到过一些因刃磨不佳引起的钻头过快失效，本小节将介绍由于刃磨质量不佳对钻头性能的影响。

根据 2003 年德国 PTW 研究所的报告，孔的加工质量主要分为尺寸、形状、表面质量三个方（图 6-21）。据介绍，根据当时的用户调查，在钻孔质量中人们首先关心的是形状误差中的圆柱度误差。

而刃磨的质量与孔的圆柱度密切相关，尤其是刃口的对称程度。

图 6-22 是刃磨较好的钻头加工情况。其中右面中间黑色弧形箭头中心的黑点代表钻头的钻芯，其轨迹是始终在一个点上；红色和蓝色代表钻头的两个切削刃外缘转角在钻头旋转半圈中留下的轨迹。由于这个钻头刃磨得对称，两个外缘转角的轨迹构成的半个圆圈正好形成一个完整的圆，加工出的孔的圆柱度就会比较好。

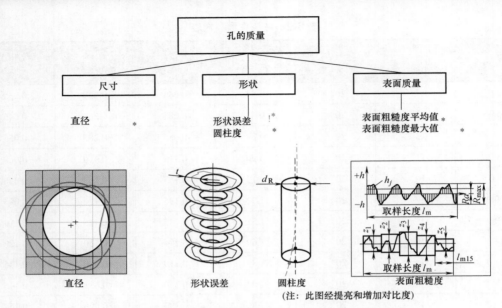

图 6-21　钻孔质量评价（图片来源：德国 PTW 研究所）

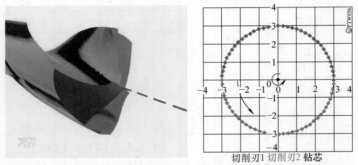

图 6-22　刃磨较好的钻头加工情况（图片来源：德国 PTW 研究所）

图 6-23 和图 6-24 则是刃磨得不好的钻头加工情况。其中右面中间黑色弧形箭头外面的椭圆代表钻头钻芯的轨迹，其是在钻头回转过程中形成的一个椭圆；红色和蓝色代表钻头的两个切削刃外缘转角在钻头旋转半圈中留下的轨迹，这两个轨迹所形成的明显不是一个圆，这表示加工出的孔的圆柱度会有问题。因此，建议用数控工具磨床来进行修磨。

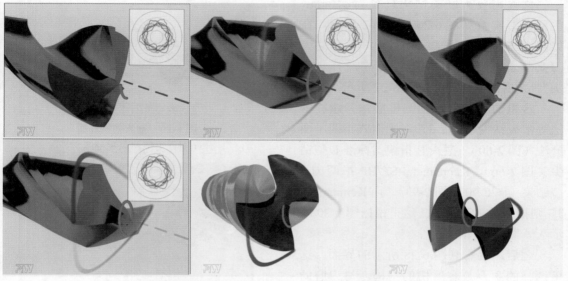

图 6-23 刃磨不好的钻头加工过程（图片来源：德国 PTW 研究所）

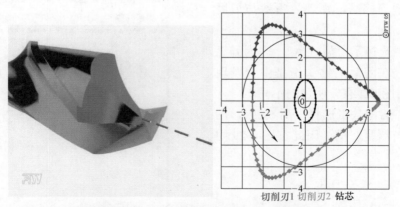

切削刃1 切削刃2 钻芯

图 6-24 刃磨不好的钻头加工情况（图片来源：德国 PTW 研究所）

▶ 6.2.4　修磨设置实例

假设需要刃磨的钻头直径为 $\phi 10mm$，主要刃磨参数如图 6-20 和表 6-2 所示。在如图 6-25 所示界面的红圈处单击，即进入刀具种类选择界面（图 6-26），选择"钻头"。之后的选择界面如图 6-27 所示。

这里的标准指包括圆锥磨法、螺旋磨法等常规钻尖（图 2-37），平面式指四平面磨法（图 2-60），型式 E 指德国标准 E 型钻尖（图 2-66），Kennametal SE/HP 指两刃 S 型钻尖（图 2-90 和图 2-93），而 Kennametal TF 则指一种三刃钻头。这里根据图 6-20 所示选"平面式"。

之后，就看到图 6-28 所示的界面。这里选择的主要是容屑槽的结构，与刃磨的关系不大（软件是制造与修磨一体的，与刃磨无关的，在修磨时一般不用选择），但有些会涉及横刃修磨，那部分参数与刃磨有一定关系。

这里槽型选择了"型式 A"，因为如果选其他类型，在随后的钻头造型中会发现钻头的类型与图 6-2 有较明显的不同。

随后是容屑槽数量选择（图 6-29），图 6-20 的钻头当然是 2 槽，因此在图 6-29 中选填"2"。

图 6-25　磨床初始界面
（图片来源：斯来福临）

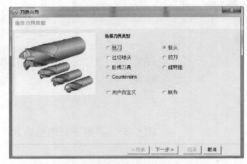

图 6-26　刀具种类选择界面（图片来源：斯来福临）

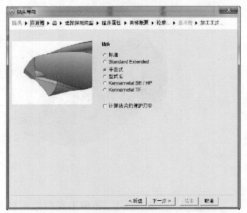

图 6-27　钻头类型选择（图片来源：斯来福临）

图 6-30 是探测内冷孔位置的选项。一般，制造时修磨螺旋槽需要探测内冷孔的位置，而刃磨时可以不必探测内冷孔的位置。

这时，类型设置已经完成，按图 6-30 所示按"结束"就能转入参数设置。

在进入参数设置前，可以给修磨程序起个名称（图 6-31），这也会方便以后再次修磨。同时，可以选择螺旋方向（绝大部分钻头都是右旋钻头）、切削方向（钻头的螺旋方向与切削方向一般相同，方向不同最常见的是铰刀）、棒料材料（这里选择了"硬质合金"）。

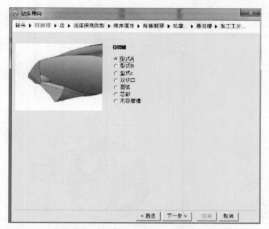

图 6-28　钻头容屑槽选择（图片来源：斯来福临）

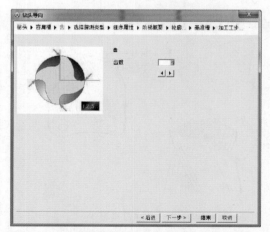

图 6-29　沟槽数量选择（图片来源：斯来福临）

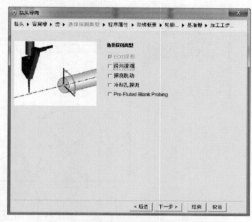

图 6-30　是否探测冷却孔的选择
（图片来源：斯来福临）

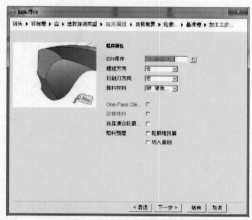

图 6-31　钻头程序命名（图片来源：斯来福临）

从图 6-32 开始设置修磨的各个参数。大部分参数都从图 6-20 和表 6-2 中查到。在以下图中用不同颜色的框线和连线来表示这些参数的对应关系。如果对所设参数的意义不很清楚，可以点击其页面上的救助符号"？"，会出现一个小窗口来帮助操作者理解。

图 6-32 中，绿色的是顶角，蓝色的是直径，这两个是钻头的主要外形尺寸。

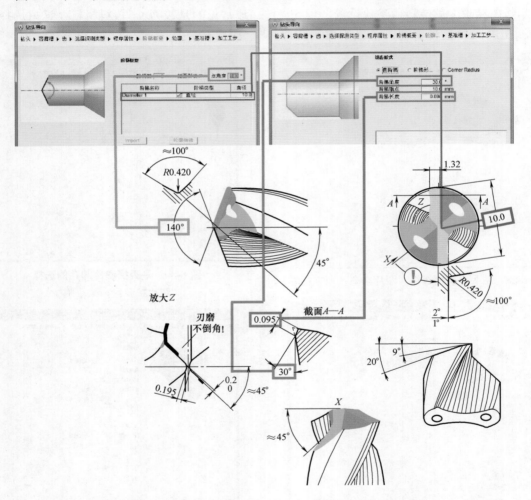

图 6-32　钻头刃磨参数设置一（图片来源：斯来福临和瓦尔特刀具）

而图 6-32 中的红色和棕色的两个尺寸反映"*A-A*"截面上反映的主切削刃结构。红色的 30° 是倒棱的角度，而 0.095mm 则是倒棱的长度。

图 6-33 的尺寸"45"mm 是刃磨后从钻尖起钻头的容屑槽长度，它与刃磨前的原始值都反映了刃磨后钻头长度的缩短量。这个尺寸需要根据原始长度和磨损情况而定。

图 6-34 是修磨阶梯钻等产品时所需要设置的两个选项，一般整体硬质合金钻头并不需要进行这些设置，这里就不介绍了。可以在此按"结束"键或在更早的页面（图 6-33）按"结束"键来查看三维模拟和细节参数设置。

接着在页面右上角按图 6-35 的红圈处按钮，就得到如右侧的三维模型。左右、上下移动鼠标可以旋转模型，双击可以放大模型，以检查模型与设置的是否一致。如果不一致，可以退回去修改。

之后的砂轮选择、刀柄选择在此不介绍。图 6-36 是刃磨尺寸参数设置与刃磨要求的关系图。按此设置，磨出符合高质量钻孔要求的钻头就有了基本的保证。当然，但本书未涉及的砂轮选择、刀柄选择对于修磨质量也有不小的影响，也不能等闲视之。

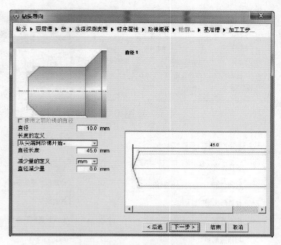

图 6-33　钻头刃磨参数设置二

（图片来源：斯来福临）

图 6-34　钻头刃磨参数设置三

（图片来源：斯来福临）

图 6-35　钻头刃磨参数设置四（图片来源：斯来福临）

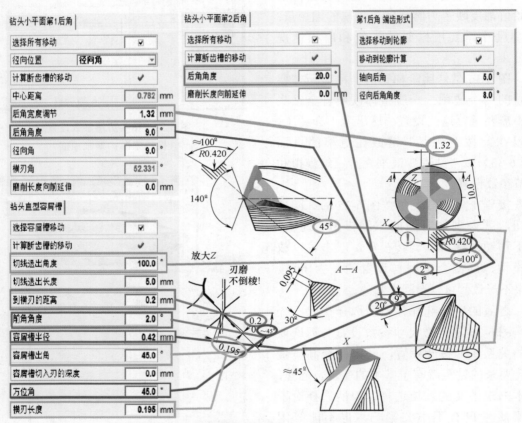

钻头小平面第1后角		钻头小平面第2后角		第1后角 端齿形式	
选择所有移动	☑	选择所有移动	☑	选择移动到轮廓	☑
径向位置	径向角	计算断齿槽的移动	✔	移动到轮廓计算	✔
计算断齿槽的移动	✔	后角角度	20.0°	轴向角	5.0°
中心距离	0.782 mm	磨削长度向前延伸	0.0 mm	径向后角角度	8.0°
后角宽度调节	1.32 mm				
后角角度	9.0°				
径向角	9.0°				
横刃角	52.331°				
磨削长度向前延伸	0.0 mm				

钻头直型容屑槽

选择容屑槽移动	☑
计算断齿槽的移动	✔
切线退出角度	100.0°
切线退出长度	5.0 mm
到横刃的距离	0.2 mm
前角角度	2.0°
容屑槽半径	0.42 mm
容屑槽出角	45.0°
容屑槽切入刃的深度	0.0 mm
方位角	45.0°
横刃长度	0.195 mm

图 6-36　钻头刃磨参数设置五（图片来源：斯来福临）